法式料理
酱料·酱汁
sauce

日本柴田书店 .... 编著

李 恒 .... 译

王 然 .... 审译

中国纺织出版社有限公司

前言

曾经，有过大家都认为"法式料理的醍醐妙味就在于酱汁"的时代。

现今，法式料理持续朝着更自由、不受局限且多变的方向发展的同时，
我们脑海中出现疑问"那……酱汁呢？"
会以何种形态呈现？

本书中，收录了感受此疑问并获得启发的
五位法式料理主厨所制作的78种酱汁，以及将其运用烹调的料理。
包括例举如下的酱汁种类。

……

· 使用料理主要食材所制作的酱汁
· 不依赖美味而以色泽和香气为主的酱汁
· 掌控温度与口感变化的酱汁
· 反映出食材本身的味道与体验的酱汁
· 以全然崭新方式制作的高汤

……

其中，还包含了过去在法式料理中从未被当作酱汁来使用的种类。
但是，如果思考其中的构想和技术，
应该就能发现这"新酱汁"与法式料理系统相关之处。

配合着料理的变化与步调，现今的酱汁确实可见其更广泛地运用。
大家不觉得"法式料理的醍醐妙味就在于酱汁"的时代又再次降临了吗？

目录

摄影/铃木阳介（Erz）
艺术指导/吉泽俊树（ink in inc）
编辑/丸田 祐

第一章
蔬菜料理与酱汁

171　主厨的酱汁论

177　料理食谱配方与五位主厨的高汤

第四章
肉类料理与酱汁

阅读本书之前

＊食谱中记载的用量，是方便制作或是容易备料的用量。

＊会因使用食材、调味料、烹调环境不同使得料理完成的状态各异，因此请视个人喜好适度地进行调整。

＊鲜奶油，没有特别指定时，使用的都是乳脂肪成分38％的产品。

＊橄榄油，没有特别指定时，会区隔加热用的纯橄榄油（pure oil）、非加热或完成时浇淋用的特级冷压橄榄油（extra virgin oil）。

＊奶油，使用的是无盐奶油。

＊各品项中除酱汁之外的菜肴食谱，以及使用的高汤配方，都收录在本书的最后部分。

蔬菜料理与酱汁

能将季节的流转与大自然四季的色彩
投影在餐盘上，莫过于蔬菜。
酱汁也是色泽丰富，
并且非常适合用于增加并强调美味。

白芦笋/杏仁果/柳橙

柳橙风味沙巴雍

　　"白芦笋和沙巴雍酱汁"是初春最经典的变化组合。将帕玛森芝士浸泡在清澄奶油中，使其吸收风味及浓香后，再加上柳橙汁所带来的酸甜。完成时滴淋上橄榄油，饰以百香果、金莲花、杏仁果，能够同时享受到3种香气组合的多层酸味的盛盘。（料理的食谱配方→178页）

[材料]

清澄奶油…15mL

帕玛森芝士…适量

蛋黄…2个

白胡椒…适量

柳橙汁…30mL

柠檬汁、盐…各适量

[制作方法]

❶ 在清澄奶油中放入帕玛森芝士浸泡一夜（图1）。

❷ 在盆中放入蛋黄，撒入白胡椒（图2）。榨入柳橙汁（图3），以搅拌器混拌（图4）。

❸ 将②隔水加热，持续搅拌至混合物浓稠为止（图5）。

❹ 在③的盆与热水间夹放布巾，持续降低温度（图6）。少量逐次地加入①并混拌（图7）。加入柠檬汁和盐，完成（图8）。

[要点]

在清澄奶油中添加帕玛森芝士，使香气移转并增加浓香。

葱/豌豆/芽葱

葱烧原汁

烧烤青葱与从青葱释出的原汁组合。为避免萃取原汁的青葱烧焦，先用高温烤箱短时间蒸烤，萃取其释出的水分。将这些与水再次熬煮以浓缩其风味，在开始释出甜味时，将水分液体榨取出来。烧烤青葱的香气和酱汁的甜味，再加上烫煮过的豌豆和芽葱以添加葱香，烘托出春天的感受。（料理的食谱配方→178页）

[材料]

大葱…2根

水…适量

白酒…300mL

奶油…25g

橄榄油、盐…各适量

[制作方法]

❶ 大葱切成20cm长，以铝箔纸包覆，放入300℃的烤箱中烘烤约10分钟（图1）。

❷ 将①的大葱切成5cm的长度，连同铝箔纸内的水分一起放入锅中。加入水至足以淹盖葱段的程度，加热（图2）。

❸ 熬煮浓缩至②的水分几乎收干为止（图3），放入过滤器内过滤（图4）。

❹ 将③和白酒一起放入锅中加热（图5），煮沸，酒精挥发后，加入奶油（图6）。

❺ 一边在④上淋入橄榄油，一边同时用手持搅拌棒进行搅打（图7）。以盐调整味道（图8）。

[要点]

青葱在高温烤箱中急速加热，能瞬间释出全部的水分。

香菇和饭酱汁

甜豆、蚕豆、四季豆混合的酱汁，生井先生在此也活用了传统食物"鲋鱼寿司"。鲋鱼和米面（＝饭）都是发酵食物，散发其独特酸味和美味的米面，用鱼高汤加入奶油煮过的香菇来提味，用烫煮过的大叶玉簪嫩芽包卷起来，就能呈现一片碧绿的整体感。（料理的食谱配方→178页）

[材料]

香菇…1kg

鱼高汤（→209页）…1L

奶油…300g

鲋鱼寿司的饭*…20~30g

大叶玉簪嫩芽、盐…各适量

*鲋鱼寿司饭

使用的是滋贺县彦根市鲋鱼寿司的饭。因与鲋鱼一起进行乳酸发酵，所以具有强烈酸味与美味。

[制作方法]

❶ 香菇切成细碎状（图1）。

❷ 将①放入锅中，倒入鱼高汤，以小火炖煮（图2）。

❸ 待②的水分挥发后，加入奶油混拌（图3）。

❹ 将鲋鱼寿司的饭加入③之中混拌，以盐调味（图4）。

❺ 将④摊放在方形浅盘中降温（图5）。

❻ 在盐水烫煮过的大叶玉簪嫩叶上直线排放⑤，卷起成棒状（图6）。

[要点]

因为饭具有强烈的发酵气味，因此仅使用少量就足以提味。

青豆仁/小黄瓜/牡蛎

酸模原汁、卷心菜泥

新鲜的酸模挤榨出具酸味和苦味的清爽果汁，并以此为酱汁。添加上清甜中隐约带着微苦的卷心菜，整体而言是略带酸甜风味的酱汁，搭配烫煮过的青豆仁、带着烤纹的小黄瓜、迅速汆烫的牡蛎。最后用樱桃的红与甜烘托提味。（料理的食谱配方→179页）

[材料]

酸模原汁

酸模…适量

卷心菜泥

卷心菜、盐…各适量

[制作方法]

酸模原汁

❶ 酸模洗净后，沥干水分（图1）。

❷ 将①放入食物料理机中搅打成果汁（图2、图3）。

卷心菜泥

❶ 以盐水烫煮卷心菜后，浸泡于水中（图4）。

❷ 将①的卷心菜连同煮汁一起放入料理机中，搅打成泥状（图5）。以盐调味，完成（图6）。

[要点]

酸模、卷心菜都请选用鲜度良好的食材。

笋/海带芽/樱花虾

笋酱汁

盛装了油炸竹笋和海带芽慕斯的容器中，倒入添加鱼高汤的竹笋煮汁，制作出鲜味十足的酱汁，具有"若竹煮"风格的成品。酱汁当中以鲜奶油和蜂蜜增加其浓郁香醇及美味，呈现出类似法式料理的样貌。在宾客前浇淋酱汁，另外附上炸樱花虾，可以撒在竹笋上一起享用。（料理的食谱配方→179页）

[材料]

竹笋…2kg

辣椒…1根

鱼高汤（→209页）…1.5L

鲜奶油…1L

蜂蜜、奶油、盐…各适量

[制作方法]

❶ 切去竹笋的前端，在表皮划切后，以添加辣椒的热水烫煮（图1）。

❷ 完成烫煮后剥去外皮（图2），分切开内侧柔软部分及接近表皮的坚硬部分（图3）。

❸ 将鱼高汤倒入锅中，加入②全部的竹笋。盖上盖（图4），以小火煮约1小时（图5）。过滤（竹笋柔软部分取出用于料理当中）。

❹ 将③的煮汁移至锅中，熬煮浓缩至半量（图6）。添加鲜奶油和蜂蜜，再熬煮浓缩至2/3量（图7）。

❺ 加入奶油使其融化，以盐调味。用手持搅拌器搅打后，完成（图8）。

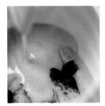

因为鲜奶油和蜂蜜而增加浓度的酱汁，表面呈现光泽浓稠。

[要点]

为避免竹笋释出苦味，要用小火慢煮。

蜂蜜和鲜奶油可以使酱汁呈现出浓稠与光泽感。

番茄和山椒嫩芽酱汁

在烫煮过的竹笋上涂抹大量切碎的鳌虾后油炸，再搭配上长茎带花的芝麻叶。使用添加山椒嫩芽的爽口番茄汤所制成春意盎然的酱汁。入口时，番茄的酸味和山椒嫩芽清爽的香气，更能烘托出油炸物的浓郁风味。（料理的食谱配方→179页）

[材料]

番茄水
- ┌ 番茄…2个
- │ 水…50mL
- └ 盐…适量

奶油…15g

山椒嫩芽、橄榄油…各适量

[制作方法]

❶ 制作番茄水。番茄于常温中放置约1周使其更成熟（图1）。

❷ 分切①的番茄成大块状，连同水和盐一起放入锅中（图2）。用耐热的保鲜膜密封包覆，以增加压力，煮沸（图3）。持续30~40分钟，以小火加热（图4）。

❸ 将②倒至铺有厨房纸巾的滤网上（图5），以此状态放置一夜使其缓慢地过滤。

❹ 将③的番茄水移至锅中，熬煮浓缩至2/3量。添加奶油使其融化（图6）。

❺ 加入用刀切碎的山椒嫩芽（图7）。滴淋上橄榄油，使其呈现分离状态（图8）。

[要点]

番茄放置于常温中使其更成熟，能释出强烈香气后再使用。

油菜花泥、马铃薯香松

以马铃薯泥混拌面包粉后干燥，制成的马铃薯香松取代酱汁，搭配球芽甘蓝及衬底的象拔蚌一起享用。相对于酥脆口感的香松，添加口感润泽的生火腿泥，恰如其分地补足水分和浓滑口感。油菜花泥用鸡高汤稀释即可强化美味。（料理的食谱配方→180页）

[材料]

油菜花泥

油菜花…200g

奶油…20g

洋葱…50g

鸡高汤（Bouillon de Poulet）

（→210页）…200mL

盐、胡椒…各适量

马铃薯香松

马铃薯…300g

融化奶油…60g

面包粉…240g

[制作方法]

油菜花泥

❶ 油菜花以盐水氽烫后（图1），浸泡于冰水中防止变色。

❷ 在平底锅中融化奶油，拌炒切成薄片的洋葱（图2）。倒入鸡高汤，略为熬煮。

❸ 将①和②放入料理机中搅打（图3），以粗网目的滤网过滤，加入盐和胡椒调味（图4）。

马铃薯香松

❶ 马铃薯烫煮后去皮，过筛成泥状。

❷ 在①当中加入融化奶油混拌，加入面包粉后再次混拌（图5）。

❸ 当面包粉和奶油混拌成粗粒状后（图6），摊开在铺着烤盘纸的烤盘上。以50~60℃的烤箱烘烤半天使其干燥（图7）。

❹ 用手指将③捏散（图8）。

在看似泥土的香松当中，球芽甘蓝就像是冒出的嫩芽、开出的花朵一般。

[要点]

制作油菜花泥时，为避免多余水分，除去长茎后再使用。

马铃薯/笔头菜

昆布和马铃薯酱汁

以搭配马铃薯面疙瘩的酱汁为基底，加上溶入昆布粉的昆布高汤，并添加马铃薯泥，呈现出甘甜美味与极佳的口感。利用奶油和肉豆蔻，散发近似法式料理浓郁及香气的酱汁，与马铃薯面疙瘩融合为一，再装饰上直接酥炸的笔头菜上桌。（料理的食谱配方→180页）

[材料]
昆布粉…15g
水…250mL
马铃薯粉*…20g
马铃薯…30g
肉豆蔻、奶油、盐…各适量

*马铃薯粉
干燥烘烤过的马铃薯，并以料理机搅碎成粉末。

[制作方法]
❶ 在锅中放入昆布粉和水，加热（图1）。以搅拌器混拌至昆布粉溶于水中（图2）。
❷ 把①倒入铺放厨房纸巾的网筛内，挤压纸巾使其过滤（图3）。
❸ 将②移至锅中，加热，加入马铃薯粉混拌（图4）。
❹ 马铃薯带皮磨成泥（图5），加入③当中（图6）。
❺ 撒入肉豆蔻至④，放入奶油融合整体（图7）。
❻ 以盐调味，并以手持搅拌棒搅拌至均匀（图8）。

因昆布的黏稠性与马铃薯中所含的淀粉，让酱汁形成了浓厚且黏稠的质地。

[要点]

酱汁的浓度过于浓稠时，可以用昆布高汤来调整。

马铃薯/鱼子酱

蛤蜊和鱼子酱酱汁

生井先生店内的主要色彩是搭配灰色碗盘的灰色酱汁，用的是蛤蜊原汁添加鱼子酱搅拌过滤而成。在盘中铺放马铃薯塔饼，盛放马铃薯片并装饰上鳟鱼卵。这个构想来自鱼子酱与俄式煎饼（blini）的组合，是以现代风格，享受其中乐趣的一道作品。（料理的食谱配方→180页）

[材料]

蛤蜊…1kg

大蒜油…适量

鱼高汤（→209页）…360mL

白酒…30mL

红葱头…60g

奶油…100g

鱼子酱…适量

[制作方法]

❶ 在锅中加热大蒜油，放入吐沙完毕的蛤蜊、鱼高汤，加热（图1）。

❷ 煮沸①，使蛤蜊开口（图2）。熬煮浓缩至入味，加入切碎的红葱头。立刻关火过滤（图3）。

❸ 将②移至锅中，加热。放入奶油使其融化，以手持搅拌棒打发（图4）。

❹ 在③当中加入鱼子酱（图5），再以手持搅拌棒搅打（图6）。

❺ 过滤（图7、图8）。

在马铃薯花朵之下，铺放的是宛如脆饼般的塔饼。

[要点]

有蛤蜊与鱼子酱的咸度，风味就足够了。

带花栉瓜/文蛤

文蛤、橄榄和糖渍柠檬酱汁

栉瓜花装填了油炸的文蛤慕斯。以蔬菜高汤稀释文蛤高汤完成的酱汁中，加入糖渍柠檬和绿橄榄，表现出栉瓜花经常呈现的南法风味。为了使酱汁浓稠，采用经典油糊（roux）也是重点，借由面粉的稠度制作出膨松柔软且滑顺的成品。（料理的食谱配方→181页）

[材料]

蔬菜高汤（bouillon de legumes）
┌ 韭葱…30g
│ 胡萝卜…70g
│ 洋葱…50g
│ 茴香头…30g
│ 西洋芹…60g
│ 水…700mL
└ 盐…1小撮

文蛤原汁
┌ 文蛤…3个
└ 水…适量

油糊
┌ 奶油…12g
└ 00面粉*…4g

*00面粉
极细颗粒的面粉

糖渍柠檬、橄榄…各适量

[制作方法]

❶ 制作蔬菜高汤。材料全部切成薄片，与水一同放入锅中加热。沸腾后转为小火煮约30分钟后，过滤（图1）。

❷ 制作文蛤原汁。在锅中放入少量的水（用量外）煮至沸腾后，放入文蛤约10秒（图2）。在文蛤开壳前取出，以刀子剥开文蛤，取出蛤肉及其系带（图3）。

❸ 将②的文蛤系带（在此也使用蛤肉）、蛤壳上的原汁、水一起放入锅中，煮7~8分钟（图4）。取出文蛤。

❹ 制作油糊。在锅中放入奶油使其融化，加入00面粉（图5）。边加热边充分混拌（图6）。

❺ 各取50mL的①和③混合，加入④当中（图7）。略微熬煮后，加入糖渍柠檬和适度切碎的橄榄（图8）。

[要点]

在文蛤开壳前就先从热水中取出，是为了防止苦味的产生。

银杏/菊花

鲭鱼片和茼蒿酱汁

炸银杏的黄色、酱汁的深绿色、橄榄油的黄绿色，色彩对比鲜艳的一道成品。绿色的酱汁是茼蒿的蔬菜泥。荒井先生认为，用鲭鱼片熬煮的高汤比用鲣鱼片熬煮的高汤更具野趣，往往能使给人印象不深的蔬菜料理增加风味。（料理的食谱配方→181页）

[材料]

鲭鱼高汤

　┌ 水…150mL
　└ 鲭鱼片…10g

茼蒿…50g

鱼酱（garum）、葛粉

水…各适量

[制作方法]

❶ 制作鲭鱼高汤。在锅中加水煮沸，放入刨削下来的鲭鱼片后，离火（图1）。当鲭鱼片完全沉入热水后，以纸巾过滤（图2）。

❷ 以盐水烫煮茼蒿（图3），捞起浸泡冰水定色。放入料理机中搅打成泥状（图4）。

❸ 将①移至锅中加热。添加鱼酱调整味道（图5），加入葛粉水使其产生浓稠度（图6）。

❹ 在③中加入②混拌（图7、图8）。

[要点]

为避免鲭鱼片释出苦味，不要将它煮沸，浸泡后即过滤。

小洋葱

松露酱汁

这是表面烘烤至焦糖化的迷你洋葱，搭配风味丰富的黑松露酱汁品尝的一道美味。在蘑菇拌炒至出水的锅中，依序加入马德拉酒（Madeira）、波特酒（Port）、干邑白兰地、清汤（consommé）等熬煮，最后加入大量松露融合风味。酒与高汤浓缩，搭配松露的香气，正是法式料理中最正统的美味。（料理的食谱配方→181页）

[材料]

蘑菇…100g

红葱头…20g

马德拉酒…270mL

波特酒…135mL

干邑白兰地…85mL

清汤…125mL

鸡基本高汤（fond de volaille）

（→206页）…125mL

松露…50g

松露泥*…50g

盐…适量

*松露泥
松露皮及其边角冷冻后用冷冻粉碎调理机搅打而成。

[制作方法]

❶ 在锅中放入切成薄片的蘑菇和红葱头，拌炒至出水（图1）。

❷ 待①软化后，依序加入马德拉酒、波特酒、干邑白兰地（图2），热煮浓缩至1/10的程度（图3）。

❸ 在②当中加入清汤（图4），接着再加入鸡基本高汤，熬煮浓缩至半量的程度（图5）。

❹ 将松露薄片和松露泥加入③（图6、图7），略加熬煮，以盐调味。

❺ 以食物调理机搅拌④，过滤（图8）。

[要点]
....
锅中不添加油脂，直接将蘑菇与食材炒出水分。

莴笋

鱼干酱汁

高田先生表示"能在短时间释放出浓郁美味的鱼干，是作为酱汁基底最适用的食材"。
由竹荚鱼干与蘑菇萃取出的美味酱汁，搭配汆烫的莴笋（茎用莴笋）。酱汁用鲜奶油、
孔泰芝士（Comté cheese）、大蒜等，融合日式风格，呈现出浓厚风味。打发酱汁能使
其饱含空气且呈现轻盈感。（料理的食谱配方→182页）

[材料]

竹荚鱼干…1只

大蒜…1片

茴香籽…适量

蘑菇…6颗

日本酒…150mL

牛奶…150mL

鲜奶油…150mL

孔泰芝士（表皮部分）、
酸奶油、大豆卵磷脂、
奶油、盐…各适量

[制作方法]

❶ 在锅中加热奶油，拌炒切成块的竹荚鱼干和切成薄片的大蒜（图1）。

❷ 待鱼干变软并产生炒色后，加入茴香籽和切成薄片的蘑菇混合拌炒（图2）。

❸ 在②当中加入日本酒，煮至酒精挥发（图3）。加入牛奶、鲜奶油熬煮浓缩至入味（图4）。

❹ 用手持搅拌棒搅打③后，过滤（图5）。

❺ 将④过滤后倒入锅中加热。加入孔泰芝士的表皮，使香气融入（图6）。

❻ 从⑤当中取出孔泰芝士，加入酸奶油。以盐调味，加入大豆卵磷脂，以手持搅拌棒打发（图7、图8）。

[要点]

鱼干除了竹荚鱼之外，红鲈等含脂肪较多的鱼也适合制作此酱汁。

芜菁/毛蟹/鱼子酱

芜菁叶酱汁、香草油

白色大型花状的盛盘，使用的是削切成薄片的新鲜芜菁。描绘出点状的绿色酱汁是芜菁叶和调味蔬菜高汤（court bouillon）制成的泥，再加上浸泡出香草芳香的油脂，用酱汁混拌毛蟹肉再奢华地饰以鱼子酱，充分体现"享用芜菁的概念"。（料理的食谱配方→182页）

[材料]

芜菁叶酱汁

芜菁叶…200g

调味蔬菜高汤（→211页）…200mL

琼脂（agar-agar）…3g

香草油

罗勒叶

平叶巴西利叶

香叶芹（chervil）

莳萝

橄榄油…各适量

[制作方法]

芜菁叶酱汁

❶ 芜菁叶以盐水烫煮（图1），捞起浸泡冷水定色。

❷ 将①的水分充分拧干，连同调味蔬菜高汤一起放入料理机内打碎（图2）。以纸巾过滤。

❸ 将②移至锅中，边加入琼脂边加热并搅拌混合（图3）。

❹ 待③的温度升至90℃后离火，冰水水溶，边混拌边使其急速冷却（图4）。

❺ 待④凝固后（图5），以手持搅拌棒搅打至均匀（图6），以圆锥滤网过滤（图7）。

香草油

❶ 将罗勒叶、平叶巴西利、香叶芹、莳萝放入料理机内，再倒入温热至60℃的橄榄油。

❷ 将①搅打3分钟，再以纸巾过滤（图8）。

[要点]

香草油，借由温热油脂使颜色和香气更容易释放萃取。

芜菁

鳀鱼和杏仁瓦片

以看似桃子的沙拉用"蜜桃芜菁"为主角的一道料理。用奶油煮过的鳀鱼，加上杏仁果
为基本材料制作、冷却凝固的瓦片，更能在酱汁中发挥效果。清甜水嫩的新鲜芜菁与风
味浓郁的瓦片，能同时享受到水润和爽脆的对比口感。（料理的食谱配方→182页）

[材料]

杏仁果（马尔科纳Marcona
品种）…160g
鳀鱼…80g
奶油…165g

[制作方法]

❶ 杏仁果放入180℃的烤箱加热5~6分钟（图1）。

❷ 鳀鱼放于网筛中置于温暖处，以沥出多余的油脂（图2）。

❸ 在锅中融化奶油，加入②（图3）。边以小火加热边以搅拌器混拌（图4）。

❹ 加热至③的奶油煮沸，变成淡茶色时将火转小（图5），加入①，离火
（图6）。

❺ 以料理机搅打④至呈略粗的膏状（图7）。倒入铺有保鲜膜的方形浅盘中摊
平成2mm的厚度，置于冷冻室冷却凝固（图8）。凝固后分切成适当的大小。

[要点]

鳀鱼的油脂沥得干净就不会产生鱼腥味。

萝卜

蝾螺肝和咖啡酱汁

用昆布高汤烹煮的萝卜，搭配带着海滨香气的蝾螺肝酱汁。蝾螺肝以日本酒烹煮减少其特殊气味，再以蚝油增添美味。肝、蜂斗菜、咖啡三种不同食材的微苦和香气，重叠复合构成的酱汁，恰好能与汁液丰富的萝卜完全结合。（料理的食谱配方→183页）

[材料]

蝾螺肝…12个

日本酒…50mL

蚝油…少量

干燥蜂斗菜*…8个

咖啡豆、橄榄油、盐…各适量

*干燥蜂斗菜
蜂斗菜是微波干燥的市售品，仍有着与现采近似的香气。

[制作方法]

❶ 在锅中加热橄榄油，拌炒蝾螺肝（图1）。

❷ 待蝾螺肝受热后，加入日本酒加热至沸腾（图2）。

❸ 在②当中加入蚝油，边浇淋煮汁至蝾螺肝上，边熬煮浓缩至1/2用量（图3）。

❹ 混合③和干燥蜂斗菜（图4），以料理机搅拌（图5）。过程中加入少量橄榄油，再搅拌。

❺ 将④过滤至锅中（图6），加温。

❻ 在⑤当中放入咖啡豆磨细的咖啡粉（图7），以盐调味完成制作（图8）。

外观看起来宛如巧克力般，可以用蝾螺肝的用量来调整其浓度及风味。

[要点]

利用咖啡豆的微苦和香气，来包覆蝾螺肝的海味。

紫菊苣/乌鱼子/开心果

黄金柑果泥

切成大块以大火烧烤的紫菊苣，搭配酸甜黄金柑果泥享用的料理。淡黄色的果泥，使用的是金山先生说的"香味丰饶，具有恰到好处酸味"的黄金柑。加入隐约青草味道的橄榄油使其乳化，更能提升风味。撒放的开心果和乌鱼子具有画龙点睛之效。（料理的食谱配方→183页）

[材料]

黄金柑…230g

水…250mL

细砂糖…40g

橄榄油…40mL

[制作方法]

❶ 将黄金柑切成4等分，除去籽（图1）。

❷ 在锅中放入水和细砂糖加热，溶化细砂糖。

❸ 将①的黄金柑果皮朝下排放在②的锅底，煮沸（图2）。

❹ 覆盖纸巾（图3），边加水（用量外）边以小火煮至黄金柑变软为止，煮1.5~2小时（图4）。

❺ 以料理机搅打④的黄金柑。少量逐次地边加入橄榄油边搅拌（图5），使其成为膏状（图6）。

[要点]

因柑橘是带皮使用，所以请选择没有苦味的品种。

紫菊苣

血肠酱汁

这是整颗直接油炸的紫菊苣和血肠的组合。鸡高汤中溶入麦味噌和血肠，再以猪油融合
的特色酱汁，是高田先生的故乡——奄美大岛上传统料理中的组合。香煎紫菊苣后沾裹
酱汁铺底，边敲碎酥炸紫菊苣边享用是一大乐趣。（料理的食谱配方→183页）

[材料]

鸡高汤（→208页）…200mL

麦味噌…35g

血肠（boudin noir）*…80g

增稠剂…少量

猪油*…20g

埃斯普莱特辣椒粉、盐…各
适量

*血肠
使用的是兵库县芦屋市
"Metzgerei Kusuda" 产的成品。

*猪油
使用的是鹿儿岛·奄美大岛产的
"岛猪"猪油。

[制作方法]

❶ 在锅中放入鸡高汤和麦味噌（图1）加热。以搅拌
器混拌（图2）。

❷ 血肠（图3）切成适当的大小，加入①当中（图4）。
增稠剂也加入混拌（图5）。

❸ 先离火，以手持搅拌棒搅打。

❹ 在③当中加入猪油，再次加热（图6），以手持搅
拌棒搅打。

❺ 在④撒放埃斯普莱特辣椒粉（图7），以盐调味完
成制作（图8）。

[要点]

首先，以增稠剂增加浓度后，再利用猪油添加风味
和光泽。

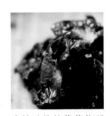

直接油炸的紫菊苣下
半部也沾裹上酱汁，
使味道渗入。

第二章

虾、乌贼、
章鱼、贝类料理
与酱汁

可活用于各种料理的海中珍味。
筋道的鲜虾、鲜美软黏的乌贼、嚼感良好的贝类等，
这些特有口感的组合搭配，
更能有效地呈现出酱汁的浓度及风味。

牡丹虾

小黄瓜粉和冻

新鲜活的牡丹虾以莱姆汁等略为腌渍后，搭配小黄瓜冻和冰砂完成的酱汁。小黄瓜以芝麻油拌炒至青涩味消失后，加入乳清、紫苏叶、冲绳的辣调味料——泡盛腌辣椒等一起搅拌，是一款像西班牙冷汤（Gazpacho）般可以品尝出清凉风味的成品。（料理的食谱配方→184页）

[材料]

小黄瓜…10根

乳清（whey）…180mL

腌梅…1个

紫苏叶…10片

生姜榨汁…30mL

泡盛腌辣椒*…5mL

板状明胶…2片

冷榨白芝麻油、芝麻油、盐…各适量

*泡盛腌辣椒

将米椒腌渍在泡盛酒当中，是冲绳县产的辣调味料。

[制作方法]

❶ 小黄瓜去籽，切成适当的大小。

❷ 在锅中加热冷榨白芝麻油，放入①（图1），使小黄瓜能完全沾裹到芝麻油，以大火加热并翻拌（图2）。以盐和芝麻油调味。

❸ 将②、乳清、腌梅、紫苏叶、生姜汁、泡盛腌辣椒混合，放入料理机内搅打（图3、图4）。

❹ 将部分的③放入冷冻粉碎调理机的专用容器内冷冻。在使用前再搅打，制成小黄瓜冰砂（图5）。

❺ 将部分的③温热，加入以水泡过的板状明胶。冷却凝固后做成小黄瓜冻（图6）。

[要点]

小黄瓜先以大火拌炒，可增加香气。

螯虾/胡萝卜

三色蔬菜油

搭配略微烤过的螯虾，以及迷你胡萝卜的是，运用动物高汤完成的三种蔬菜油。正是高
田先生说的"色彩与香气为主"、能直接品尝到螯虾本身的酱汁。黄色的胡萝卜油、橘
色的番茄油、绿色的平叶巴西利油，自然混合令人印象深刻的一道料理。（料理的食谱
配方→184页）

[材料]

胡萝卜油

胡萝卜…1kg

葵花籽油…600mL

番茄油

番茄碎…250g

白兰地…100mL

葵花籽油…600mL

平叶巴西利油

平叶巴西利…250g

橄榄油…250mL

[制作方法]

胡萝卜油

❶ 胡萝卜去皮切成厚4mm左右的扇形（图1）。

❷ 在锅中放入葵花籽油和①加热。加热至80~85℃水分完全消失为止（图2）。

❸ 将②离火，以手持搅拌棒搅打（图3）。

❹ 再次加热③，边用搅拌器搅打边加热至胡萝卜的水分完全挥发（图4）。

❺ 以纸巾过滤④，滤出油脂（图5、图6上）。过滤出的胡萝卜用于胡萝卜泥制作（→184页）。

番茄油

❶ 在锅中放入番茄碎，以白兰地和葵花籽油稀释，加热。

❷ 加热至80~85℃水分完全消失为止。以手持搅拌棒搅打，以纸巾过滤（图6下）。

平叶巴西利

❶ 平叶巴西利和橄榄油放入冷冻粉碎调理机的专用容器内冷冻，再搅打。

❷ ①溶化后，以圆锥滤网过滤后再以纸巾过滤（图6中）。

[要点]

完成时的油脂，冷藏保存可以保持颜色，不会太快挥发。

龙虾/红椒坚果酱/杏仁果

鸡内脏酱汁、龙虾原汁

"鱼贝类与肉类的组合"是荒井先生常用的主题之一。在此，将刷涂了龙虾原汁以法式
烧烤方式烹调的龙虾，搭配上用鸡内脏和番茄熬煮的浓郁酱汁。佐以利用红淑泥为基底
加入香料制作的红椒坚果酱来添加美味。这是以"曾在意大利料理店内尝过的组合为概
念"所构想的一道料理。（料理的食谱配方→184页）

[材料]

鸡内脏酱汁

鸡内脏（鸡心、鸡胗、鸡肝）…200g

奶油…35g

法式蘑菇碎（duxelles）…65g

番茄酱汁…180g

帕玛森芝士…10g

白胡椒、盐…各适量

龙虾原汁

龙虾壳、白兰地、

调味蔬菜（mirepoix）（胡萝卜、洋
葱、西洋芹）、番茄、水、米糠油、
盐…各适量

[要点]

鸡内脏切得略大使其保留口感。

[制作方法]

鸡内脏酱汁

❶ 鸡内脏粗略切块。

❷ 在平底锅内放入奶油加热，制作焦化奶油（beurre noisette）（图1）。

❸ 将①放入②当中拌炒（图2），待食材开始呈色后，加入盐、白胡椒、
法式蘑菇碎、番茄酱汁熬煮（图3）。

❹ 待水分略挥发，食材变软后加入磨削的帕玛森芝士和盐（图4），
完成浓郁厚重的泥状酱汁（图5）。

龙虾原汁

❶ 剁开龙虾壳（图6），在加了米糠油的锅内拌炒。

❷ 用白兰地焰烧（flambé），加入调味蔬菜、番茄、水。熬煮浓缩至
浓稠后，过滤（图7），以盐调味。

❸ 烫煮过的龙虾（→184页）上刷涂②，置于明火烤箱内进行烘干，
重复数次（图8）。

龙虾/胡萝卜

龙虾酱汁・原汁

与龙虾的贝涅饼（Beignet）搭配的红酒酱汁，是法式料理的基本忠实呈现。炒香龙虾壳萃取出香气及美味精华，红葡萄酒和波特红酒熬煮浓缩至可以形成表层镜面效果的酱汁，增添完成时的美味和美观。胡萝卜泥混入酱汁当中，也能增加风味的变化。（料理的食谱配方→185页）

[材料]

龙虾酱汁・原汁

龙虾的壳…1只

大蒜…1/2个（带皮）

调味蔬菜（胡萝卜、洋葱、西洋芹）…适量

红葡萄酒…270mL

波特红酒…270mL

红葡萄酒（完成时用）…70mL

波特红酒（完成时用）…70mL

奶油…50g

橄榄油、盐…各适量

胡萝卜泥

胡萝卜…200g

奶油…50g

水…100mL

月桂叶…1片

[制作方法]

龙虾酱汁・原汁

❶ 剁开龙虾壳，在加了橄榄油的锅内与大蒜一起拌炒（图1）。

❷ 待大蒜散发香气后，加入调味蔬菜继续拌炒。

❸ 待龙虾壳变成红色之后，添加红葡萄酒和波特红酒，去渍溶出锅底精华（图2）。

❹ 边捞除③的浮渣边熬煮浓缩至半量（图3），过滤。

❺ 在另外的锅中，混合完成时用的红葡萄酒和波特红酒，煮至沸腾（图4）。熬煮浓缩至产生光泽为止（图5）。

❻ 将④加入⑤当中（图6），再次煮至沸腾。加入奶油融合（图7），以盐调味完成制作（图8）。

胡萝卜泥

❶ 在锅中加热奶油，放入切成薄片的胡萝卜加热约20分钟，拌炒至柔软。

❷ 在①中加入水和月桂叶。待煮沸后取出月桂叶，以手持搅拌棒搅打成泥状。

[要点]

完成时使用大量酒类，可以增添风味和美观。

龙虾/万愿寺辣椒

乌贼墨汁和可可酱汁

烤龙虾与甲壳类（此次用的是红斑后海螯虾Metanephrops thomsoni）高汤为基底的酱汁是最基本的组合，但金山先生选用了新鲜乌贼和乌贼墨汁，还添加了可可脂成分100%的巧克力，更深刻呈现出多层次的风味。完成时摆放上克伦纳塔盐渍猪脂火腿，更加深油脂感和咸味。（料理的食谱配方→185页）

[材料]

螯虾高汤…100mL

> 红斑后海螯虾的虾螯、白酒、
> 水…各适量

长枪乌贼…2只

韭葱、胡萝卜、西洋芹…各适量

水…500mL

乌贼墨汁（冷冻）…15g

雪莉醋（sherry vinegar）…少量

覆盖巧克力（可可脂成分100%）…3g

葡萄籽油、盐…各适量

[制作方法]

❶ 制作螯虾高汤。红斑后海螯虾1cm长的虾螯剪成小段，放入170℃的烤箱内烘烤20分钟（图1下）。

❷ 在锅中放入①、白酒和水，约煮30分钟。过滤（图1上）。

❸ 取下长枪乌贼的眼睛和嘴，也卸下乌贼脚（用于其他料理）。身体部分连同内脏一起切成圆圈状。

❹ 在放有葡萄籽油的锅中拌炒③的长枪乌贼（图2）。待水分消失后，加入切成方形薄片状的韭葱、胡萝卜以及切成薄片的西洋芹，再次拌炒（图3）。

❺ 在④中加入螯虾高汤和水，去渍溶出锅底精华（图4）。

❻ 在⑤中加入乌贼墨汁，熬煮1.5小时（图5）。以圆锥滤网过滤（图6）。

❼ 取出⑥放至小锅中，加入雪莉醋和切碎的覆盖巧克力（图7）。煮沸后除去浮渣。以盐调味完成制作（图8）。

[要点]

蔬菜类充分拌炒以充分释放出甜味。

萤乌贼/笋

萤乌贼和西班牙香肠酱汁

从法国巴斯克地区经常可见的料理"乌贼和豬肉"组合中得到的灵感，萤乌贼搭配西班牙香肠的酱汁。长根鸭儿芹是具有香气的叶菜。萤乌贼的身体和内脏分开后，香煎，放在酱汁中一起加热，营造出一体感。（料理的食谱配方→185页）

[材料]

长根鸭儿芹…40g

西班牙香肠…60g

调味蔬菜高汤（court bouillon）（→211页）…90mL

鱼高汤（fumet de poisson）（→211页）…120mL

葛粉水…适量

萤乌贼…100g

橄榄油、柠檬汁、盐、胡椒…各适量

[制作方法]

❶ 将长根鸭儿芹的叶子摘下只留下茎部（图1）。将茎部切碎。

❷ 在锅中加热橄榄油，拌炒切碎的西班牙香肠（图2）。当油脂吸收了西班牙香肠的香气后，加入①，轻轻混合拌炒（图3）。

❸ 在②当中加入调味蔬菜高汤和鱼高汤，略加熬煮（图4）。以盐和胡椒调味。

❹ 将③转为小火，加入葛粉水使其浓稠。

❺ 取下萤乌贼的眼睛、嘴和软骨，将内脏连同脚须一起拉出（图5），过程中避免破坏内脏。

❻ 锅内加热少量橄榄油，拌炒⑤的萤乌贼身体和内脏（图6）。以盐调味，浇淋上柠檬汁。

❼ 将⑥放入④当中，加热（图7）。当酱汁中溶出内脏的茶色时即已完成（图8）。

[要点]

在酱汁中同时加热萤乌贼的身体和内脏，可以使整体风味更为融合。

萤乌贼和西班牙香肠浓酱

生井先生也和目黑先生同样地采用了萤乌贼和西班牙香肠的组合。两者混合拌炒后制作
出丰盛美味的浓酱，佐以萤乌贼的贝涅饼，撒上香气十足的烟熏红椒粉，鲜红的色彩更
衬托出料理的美味。（料理的食谱配方→186页）

[材料]

西班牙香肠…50g

萤乌贼（烫煮过）…200g

焦糖化洋葱*…90g

烟熏红椒粉…20g

鸡基本高汤（fond de
Volaille）（→209页）…100mL

黄芥末、大蒜油…各适量

*焦糖化洋葱
拌炒至呈糖色的洋葱。

[制作方法]

❶ 在锅中加热大蒜油，拌炒切成细条状的西班牙香肠
（图1）。

❷ 在①当中加入除去眼睛、嘴、软骨的萤乌贼（图2），
再继续拌炒。加入焦糖化洋葱、烟熏红椒粉（图3）。

❸ 边用木勺捣碎②的萤乌贼边继续拌炒（图4），当水
分挥发后加入鸡基本高汤（图5）。边混拌边略加
熬煮。

❹ 以食物调理机搅打③（图6）。过滤出残渣。

❺ 取④和黄芥末放入锅中，混合拌匀（图7、图8）。

由下层起依序叠放酱
汁、萤乌贼的贝涅饼、
紫菊苣。

[要点]

使用烟熏过的红椒粉，强调香料的存在感。

乌贼/大叶玉簪嫩芽

丝翠奇亚芝士乳霜、罗勒油

始于"采用大叶玉簪嫩芽"而完成的一道料理。略带黏稠的大叶玉簪嫩芽，和同样具黏稠感的乌贼相搭配，由绿色和白色构成组合，再搭配上白色丝翠奇亚芝士（马苏里拉芝士的中间部分）的乳霜，与绿色罗勒油一起制成的酱汁，摆放作为增添酸味和美味要素的甜绿番茄。（料理的食谱配方→186页）

[材料]

丝翠奇亚芝士的乳霜

丝翠奇亚芝士（stracciatella）*
…200g

牛奶…50mL

柠檬汁…10mL

*丝翠奇亚芝士
马苏里拉芝士的固态部分，添加鲜奶油混合而成。在马苏里拉芝士中填入丝绸芝士，就称为布拉塔芝士（Burrata）。

罗勒油

罗勒叶…30g

平叶巴西利叶…30g

橄榄油…300mL

[制作方法]

丝翠奇亚芝士的乳霜

❶ 预备丝翠奇亚芝士（图1）。

❷ 将①、牛奶、柠檬汁放入料理机（图2），搅拌约10秒（图3、图4）。

❸ 以圆锥形网筛过滤（图5），完成滑顺的乳霜状。

罗勒油

❶ 将罗勒叶、平叶巴西利叶放入料理机，倒入温热成60℃的橄榄油（图7）。

❷ 将①搅打3分钟，用纸巾过滤（图8）。

[要点]

丝翠奇亚芝士，也可以用马苏里拉芝士和鲜奶油混拌的成品来替代使用。

乌贼和番茄上摆放沙拉，以酱料瓶将酱汁以线状挤出。

乌贼/萝卜/黑米

萝卜泥酱汁

从"雪见锅"的萝卜泥得到的启发，呈现"乌贼和萝卜"美味的一道料理。用大量萝卜泥熬煮乌贼触须和鸡翅，浓缩的酱汁有着深刻的美味和香甜，令人无法忽视。这款酱汁是在客人面前才浇淋在盛装略烤过的乌贼、萝卜饼、黑米泡芙的容器上。（料理的食谱配方→186页）

[材料]

乌贼触须…5只
鸡（川俣斗鸡）的鸡翅…1kg
萝卜…5根
葛粉水、盐…各适量

[制作方法]

❶ 乌贼触须用盐揉搓后洗净。鸡翅洗去血块。萝卜磨成泥（图1）。

❷ 将①全部放入锅中，加热（图2）。不盖锅盖加热，熬煮约1小时，浓缩成为1/4用量（图3、图4）。

❸ 用圆锥形网筛过滤②（图5）。此时，用刮勺用力按压榨出萝卜泥的精华（图6）。

❹ 将③移至锅内，加热。加入葛粉水使其浓稠（图7），以盐调味完成制作（图8）。

❺ 将一段萝卜挖空中央形成筒状（用量外），萝卜筒中倒入④，在客人面前浇淋在料理上。

酱汁倒入挖空中央的萝卜容器，在视觉上也强调"萝卜"。

[要点]

使用大量的萝卜泥，熬煮后释放出其清甜风味。

透抽/秋葵

开心果油

目黑先生说"坚果与透抽很合拍"。市售的开心果油中加入烘烤过的开心果，成为浓郁风味的自制油。利用自制油，混拌烤过的透抽、秋葵、各种香草、香煎野生金针菇等，完成简单的沙拉。目黑先生说："榛果等没有特殊气味的坚果也很容易搭配使用。"

（料理的食谱配方→187页）

[材料]

开心果…50g

开心果油…200mL

[制作方法]

❶ 除去开心果外壳（图1），带皮的状态下放入140℃的烤箱烘烤30分钟（图2）。

❷ 将①的开心果放入料理机，倒入开心果油（图3），搅打约3分钟（图4）。

❸ 将②以网目较粗的网筛过滤（图5、图6）。

[要点]

用网目较粗的网筛过滤，使开心果的粗糙质地仍能保留。

花枝

红椒原汁、芜菁甘蓝泥

柔软的花枝切碎加入红椒原汁，是一道简单但风味深入的料理。红椒的酸味和花枝的甘甜，恰如其分地平衡层叠的味道，还具有平衡芜菁甘蓝泥青涩味道的效果。金山先生说"在食材品质优异的现今，追求的正是'不过度依赖酱汁的美味'"，这正是展现其思维的一道料理。（料理的食谱配方→187页）

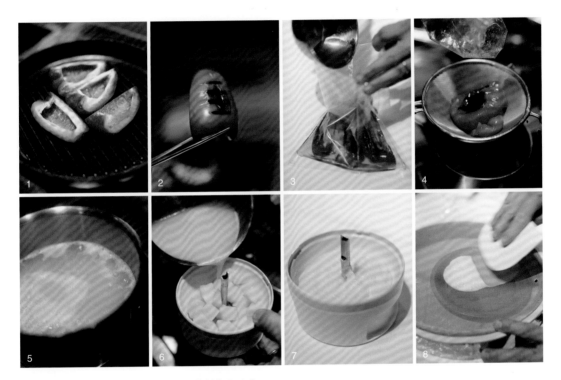

[材料]

红椒原汁

红椒…1个

红椒水*…100mL

橄榄油…10mL

盐…1小撮

*红椒水
新鲜红椒放入慢磨蔬果机中搅打，煮沸过滤而成。

芜菁甘蓝泥

芜菁甘蓝

奶油、盐…各适量

[制作方法]

红椒原汁

❶ 将红椒切成4等分，在烤盘上将表皮烤出焦纹（图1、图2）。

❷ 将①、红椒水、橄榄油、盐放入专用袋内，使其成真空状态（图3）。放入88℃的蒸气旋风烤箱中加热1.5小时。

❸ 过滤②（图4）。

芜菁甘蓝泥

❶ 在热水中加入奶油和盐煮沸（图5）。放入适度切分的芜菁甘蓝，煮至变软。

❷ 将①连同少量煮汁一起放入料理机内搅打（图6、图7）。过滤（图8）。

[要点]

芜菁甘蓝和奶油一起烫煮，能使风味更加浓郁。

短爪章鱼/山椒嫩芽

乌龙茶酱汁

短爪章鱼脚上混拌的酱汁是乌龙茶、味啉、干香菇还原汤汁、鸡高汤、盐渍山椒粒……乍看之下似乎是漫无头绪的组合，但其实是用味啉平衡乌龙茶的涩味，鸡高汤的美味中和山椒粒刺激的味道。这是一道整体平衡的美好滋味，同时也能享受到乌龙茶叶口感的一道料理。（料理的食谱配方→187页）

[材料]

乌龙茶叶…30g

水…400mL

味啉…40mL

干邑白兰地…20mL

猪高汤（→209页）…200mL

干香菇还原汤汁…100mL

葛粉水、盐渍山椒粒…各适量

[制作方法]

❶ 在锅中放入乌龙茶和水，加热（图1），煮至水分收干（图2）。

❷ 在①当中加入味啉、干邑白兰地（图3），加热挥发酒精成分（图4）。

❸ 从②当中挑出有损口感的乌龙茶梗（图5）。

❹ 在③当中加入猪高汤、干香菇还原汤汁（图6），熬煮浓缩至剩1/2量（图7）。

❺ 以葛粉水增加浓稠度，大火煮沸。加入盐渍山椒粒混拌（图8）。

[要点]

乌龙茶当中小小的茶叶尖正是口感的重点，所以留下少许在锅中即完成。

文蛤/意式面疙瘩

文蛤和油菜花酱汁、苦瓜泡沫

当季的文蛤，以清一色的绿意完成的料理。文蛤原汁中加入油菜花泥，以大量奶油融合整体
制成的浓郁酱汁，最能搭配意式面疙瘩。酒蒸文蛤表面摆放苦瓜泡沫，是提味重点。生井先
生说"这是可以享受文蛤、油菜花、苦瓜，'苦味层次'及乐趣的一道料理"。（料理的食谱配方
→188页）

[材料]

文蛤和油菜花酱汁

日本酒…30mL

水…90mL

文蛤…5个

油菜花…1把

奶油…300g

芥花油、盐…各适量

苦瓜的泡沫

苦瓜、文蛤原汁*、大豆卵
磷脂…各适量

*文蛤原汁
酒蒸文蛤开口后，沥出的汁液。

[制作方法]

文蛤和油菜花酱汁

❶ 在锅中倒入日本酒和水，煮沸，放进文蛤煮至开口（图1）。

❷ 油菜花用盐水烫煮，放入食物调理机内搅拌成泥状（图2）。

❸ 取①的汁液放入锅中加热。融化奶油（图3），加入②混拌（图4）。

❹ 在③中边淋上芥花油，边用搅拌器混拌使其融合（图5）。以盐调味，
用手持搅拌棒搅打至均匀（图6）。

苦瓜的泡沫

❶ 色沙拉油（用量外）加热至180℃，将去籽切成圆片的苦瓜过油（图7）。
与①的文蛤原汁一起放入料理机搅拌，以圆锥形网筛过滤（图8）。

❷ 以手持搅拌棒搅打至产生泡沫。

[要点]

苦瓜先过油才能制作出颜色鲜艳的泡沫酱汁。

文蛤

文蛤与叶山葵汤汁、叶山葵油

目黑先生"以日本料理中作为前菜的小汤品"为构想的文蛤热汤。为了追求最佳风味，在最后一刻才在开口的文蛤上浇淋文蛤与叶山葵制作的汤汁。搭配叶山葵是考虑到"增加新鲜的辛辣和刺激，可以更加衬托出贝类的甘甜美味"。（料理的食谱配方→188页）

[材料]

文蛤与叶山葵的汤汁

文蛤高汤

  ┌ 文蛤（小颗）…1kg

  │ 昆布…10g

  └ 水…1L

调味蔬菜高汤（→211页）

…50mL

叶山葵的茎…50g

葛粉水、盐、胡椒…各适量

叶山葵油

叶山葵的叶子…60g

橄榄油…300mL

[制作方法]

文蛤与叶山葵的汤汁

❶ 制作文蛤高汤。在锅中放入文蛤、昆布和水，加热（图1）。煮沸后边捞除浮渣边煮约20分钟（图2）。过滤后再略加熬煮。

❷ 在锅中放入文蛤高汤300mL和调味蔬菜汤（图3），加热。以盐和胡椒调味。煮沸后边捞除浮渣边转为小火。

❸ 加入切碎的叶山葵茎（图4、图5），加入葛粉水使其产生浓稠度（图6）。

叶山葵油

❶ 粗略切碎叶山葵叶（图7）。

❷ 将①和加热至60℃的橄榄油用料理机混拌。以纸巾过滤（图8）。

[要点]

葛粉水，在前一天先将葛粉溶于水中备用，可以更好地发挥作用。

孔雀蛤/花生

酸浆果酱汁、罗勒油

橘色系的孔雀蛤和酸浆果，正是初秋当季的体现，是能烘托出孔雀蛤美味多汁的汤品。源自于目黑先生"恰如其分的酸甜滋味，正如浆果一般"，所以使用的酱汁基底是番茄水。饰以罗勒油、向日葵嫩芽、花生完成色彩缤纷的成品。（料理的食谱配方→188页）

[材料]

酸浆果酱汁

番茄水

┌ 番茄…2kg

└ 盐…10g

酸浆果…50颗

调味蔬菜高汤（→211页）、

蜂蜜、葛粉水、盐…各适量

罗勒油

罗勒叶…30g

平叶巴西利叶…30g

橄榄油…300mL

[制作方法]

酸浆果的酱汁

❶ 制作番茄水。切成大块的番茄排放在方型浅盘上，撒上盐（图1）。覆盖保鲜膜，放入100℃、湿度100%的蒸汽旋风烤箱中烤1小时（图2）。以纸巾过滤（图3）。

❷ 酸浆果以料理机搅打成汁（图4左）。

❸ ①、②、调味蔬菜高汤以1:1:0.7的比例混合，倒入锅中（图5）。以蜂蜜、盐调味。

❹ 加热③至沸腾，捞除浮渣（图6）。加入葛粉水使其产生浓稠度（图7、图8）。

罗勒油

❶ 在料理机内放入罗勒叶、平叶巴西利叶、加温至60℃的橄榄油。

❷ 搅打①约3分钟，用纸巾过滤。

[要点]

香草类连同温热的油脂一起搅拌，可以提升香气和色泽。

赤贝/栉瓜/生姜

干燥栉瓜酸甜酱汁

干燥栉瓜的高汤中，加入鹿儿岛县加计吕麻岛特产的甘蔗醋和黑糖醋，可以感觉到高田先生形容的"像萝卜干一般"的甜味和美味的酱汁。以半开放式明炉烤箱加温的赤贝，搭配着撒上像"醋甜姜"般的生姜和栉瓜的小方块，一旦加入热酱汁时，利用余温让赤贝受热，呈现半熟的完成状态。（料理的食谱配方→189页）

[材料]

栉瓜…适量

水…300mL

百里香…1枝

黑糖…15g

甘蔗醋…20~30mL

盐…各适量

[制作方法]

❶ 栉瓜切成圆片，放入85℃的蔬菜干燥机6小时，使其干燥（图1）。

❷ 在锅中加入40g的①、水、百里香，煮至沸腾（图2）。放入黑糖和甘蔗醋（图3）熬煮，至栉瓜释出风味（图4）。

❸ 将②熬煮浓缩至1/2量后，以盐调味（图5）。

❹ 用纸巾过滤③（图6）。

[要点]

为了充分释出美味及其甘甜，栉瓜确实使其干燥至表面略呈焦糖化的程度。

牡蛎/茴香

茴香风味法式高汤

在鸡高汤中浸煮茴香枝，制成风味浓重的汤品以搭配牡蛎。目黑先生以百里香的香气和
鸡汤的美味来调合"有特定明显好恶的食材"——牡蛎的风味。受热极少的牡蛎上散放
新鲜的茴香或柚子皮，再浇淋上热汤，散发十足香气。（料理的食谱配方→189页）

[材料]

茴香枝（干燥）…50g

鸡高汤（Bouillon de
Poulet）（→210页）…300mL

葛粉水、柚子汁、盐、胡椒
…各适量

[制作方法]

❶ 茴香枝洗净后，晾干备用（图1）。

❷ 在锅中放入鸡高汤和①，加热，保持80℃浸煮（图2）。
  以纸巾过滤（图3）。

❸ 将②移至锅中煮沸，捞除浮渣，加入葛粉水使其产生浓稠度
  （图4）。

❹ 将③的锅离火，添加柚子汁（图5）。以盐、胡椒调味
  （图6）。

[要点]

茴香枝在浸煮时会释出苦味，因此浸煮的温度不能过高，以80℃左右为宜。

牡蛎/银杏

安可辣椒酱汁

虽然是小菜，但有强烈视觉冲击，这是高田先生的牡蛎料理。左边的盘上，包覆着熏制牡蛎是以不太辣的"安可辣椒"油炸后作为基底，加了黑大蒜、肉桂、红椒、柿子等混合而成的黑色酱汁。牡蛎的熏香与辛香料和果香的酱汁十分适合，再加上一粒油炸银杏。（料理的食谱配方→189页）

[材料]

安可辣椒（chile ancho）*···100g

洋葱···2个

肉桂棒···1/2根

黑大蒜···50g

柿子···50g

红椒···150g

番茄碎···80g

红味噌···25g

蔬菜高汤（bouillon de legumes）

（→208页）

竹炭粉、橄榄油、盐···各适量

*安可辣椒
墨西哥产的干燥辣椒，颜色红黑，辣味温和且具水果风味。

[制作方法]

❶ 预备材料（图1）。红椒烘烤去皮。安可辣椒以170℃的橄榄油直接油炸（图2）。

❷ 在压力锅中放入橄榄油，加入①、切薄片的洋葱、肉桂棒拌炒（图3）。

❸ 在②当中加入黑大蒜、切成小方块的柿子、烘烤过的小红椒块、番茄碎，并拌炒（图4）。

❹ 在③中放入红味噌和蔬菜高汤（图5），盖好锅盖煮约20分钟（图6）。

❺ 完成熬煮后（图7），以料理机搅打。

❻ 将⑤移至锅中，略加熬煮。以盐调味，加入竹炭粉搅拌（图8）。

[要点]

在涂抹至牡蛎上时，为避免酱汁流下，完成时尽可能使其呈现浓厚状态。

牡蛎/紫菊苣/米

莫雷酱汁

搭配牡蛎和紫菊苣苦味的酱汁，荒井先生的灵感是来自墨西哥的巧克力酱汁"莫雷Mole sauce"。共计使用7种辛香料，用油炒香，注入高汤熬煮出稠度，再添加亚马逊可可，煮至融化。荒井先生说"这是风味复杂的酱汁，用于少量提味"。（料理的食谱配方→190页）

[材料]
辛香料
┌ 孜然
  荒蒌籽
  小豆蔻
  茴香籽
  肉豆蔻皮
└ 葫芦巴籽…各20g
橄榄油…30mL
雪莉醋…30mL
巴萨米可醋…30mL
鸡基本高汤（fond de volaille）
（→206页）…300mL
亚马逊可可*…20g
盐…适量

*亚马逊可可
是料理家太田哲雄先生从南美进口的可可块。

[制作方法]

❶ 在锅中大火加热橄榄油。充分加热后放入辛香料（图1）拌炒（图2）。

❷ 在①中添加雪莉醋和巴萨米可醋（图3），略微熬煮（图4）。

❸ 在②当中加入鸡基本高汤（图5），熬煮浓缩至半量（图6）。

❹ 削切下亚马逊可可，加入③当中，煮至融化（图7），过滤。以盐调味完成制作（图8）。

[要点]

辛香料用大火炒出香气，但要避免烧焦，因此要短时间加热。

牡蛎/猪耳朵/羽衣甘蓝

牡蛎和菜花酱汁

生井先生说："加热过的菜花真是别具一格的美味。"菜花泥、牡蛎和平叶巴西利油一起搅打制成泥状，浇淋在煮成酸甜风味的猪耳朵和烫煮的牡蛎上。上面覆盖干燥羽衣甘蓝，边搅拌边享用，可以品尝到菜花的甘甜和牡蛎的浓郁美味融合为一。（料理的食谱配方→190页）

[材料]
菜花…2株
培根…30g
牡蛎…500g
白葡萄酒…100mL
鸡高汤（fond de volaille）（→208页）…90mL
平叶巴西利油*、奶油、橄榄油、盐…各适量

*平叶巴西利油
平叶巴西利放入橄榄油当中搅打过滤而成。

[制作方法]
❶ 在锅中融化黄油，放入切成薄片的菜花（图1）。边混拌边使其出水同时避免糊锅（图2）。
❷ 将①放入食物调理机内搅打（图3）。
❸ 在另外的锅中加热橄榄油，拌炒切成细丝的培根，加入牡蛎（图4）。放入白葡萄酒和鸡高汤，溶出锅底精华（déglacer）（图5）。
❹ 以料理机搅打③（图6）。
❺ 以7：2：1的比例混合②、④与平叶巴西利油，放入食物调理机内搅拌均匀（图7、图8）。

[要点]
菜花彻底加热至呈现焦糖色，以释出其甜味。

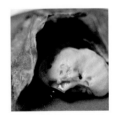

绿色的羽衣甘蓝下方，呈现的是以平叶巴西利油上色的绿色泥状。

帆立贝/芜菁/乌鱼子

白乳酪和酒粕酱汁、柚子泥

用白乳酪和酒粕混合的冰冷酱汁，混拌帆立贝和乌鱼子，再搭配柚子泥或橄榄油享用的
一道料理，连同发酵食品白乳酪与酒粕的酸、甜、浓郁，层叠产生出复杂深层的风味。
酱汁放置1~2天让味道融合后再使用。（料理的食谱配方→190页）

[材料]

白乳酪和酒粕的酱汁

白乳酪（fromage blanc）
…100g

酒粕（獭祭）…30g

牛奶…100mL

柚子泥

柚子…5个

海藻糖（Trehalose）…120g

砂糖…60g

盐…6g

[制作方法]

白乳酪和酒粕的酱汁

❶ 将白乳酪放在铺垫着纸巾的钵盆中，置放约2小时，沥干水分。酒粕则搅和至柔软备用（图1）。

❷ 将①的白乳酪和酒粕放入容器内混合（图2），以手持搅拌棒搅打均匀（图3）。

❸ 将②牛奶加入当中，搅拌，使其成为滑顺的液状（图4）。

❹ 密封③，放置阴凉处1~2天使其融合入味。使用前再次以手持搅拌棒略微搅打（图5）。

柚子泥

柚子皮烫煮2次以去其苦味，连同其他材料一起用多功能调理机以90℃边加热边搅拌（图6）。

[要点]

酒粕使用的是香气十足的大吟酿酒粕。

干燥干贝/油菜花/皱叶菠菜

鸡与干贝的法式海鲜浓汤

鸡翅高汤连鸡骨一起放入料理机，制作出浓郁滑顺的汤汁。混合了新鲜和干燥两种干贝制成的高汤，凝聚浓缩出山珍海味的"综合汤汁"。用汤匙剥开在容器中央漂浮着的皱叶菠菜，将其填充在黑醋香炒的干贝和油菜花中间，浸泡在汤汁中享用。（料理的食谱配方→191页）

[材料]

鸡高汤
- 鸡翅（带骨）…1kg
- 昆布水＊…1L

干燥干贝的高汤
- 帆立贝…20个
  - 红葱头…70g
  - 平叶巴西利的茎…4枝
  - 百里香…3枝
  - 苦艾酒…40mL
  - 干燥干贝的还原汤汁…500mL
- 米糠油…适量

盐…适量

＊昆布水
将昆布浸泡水中放置一晚，过滤而成。

[制作方法]

❶ 制作鸡高汤。混合鸡翅和昆布水，以压力锅煮1小时（图1）。

❷ 以多功能调理机连同鸡骨一起搅打（图2），过滤。

❸ 制作干贝高汤。帆立贝与盐搓揉清洗。

❹ 在锅中加热米糠油，放入切成薄片的红葱头（图4），加入③，以大火拌炒至水分挥发（图5、图6）。

❺ 在④当中加入平叶巴西利茎、百里香、苦艾酒，倒入干燥干贝的还原汤汁，熬煮15分钟（图7），过滤（图8）。

❻ 少量逐次加入等量②的鸡高汤和⑤的干燥干贝高汤，以盐调味，用手持搅拌棒搅打均匀。

[要点]

连同鸡翅一起搅打，制作出浓郁的高汤。

海胆/猪皮

红椒泥、海胆美乃滋

撒了红椒粉的炸猪皮，其下隐藏着新鲜海胆及两种酱汁。酱汁之一是红椒泥，另一种则是添加了过滤的盐渍半干燥海胆所自制的美乃滋。这些混合起来之后，建议可以作为蘸酱连同酥脆的猪皮一起享用。（料理的食谱配方→191页）

[材料]

红椒泥

红椒…5个
雪莉醋…30mL
细砂糖…50g
鲜奶油…90mL
干邑白兰地、盐…各适量

海胆美乃滋

海胆…100g
美乃滋（自制）…50g
盐…适量

[制作方法]

红椒泥

❶ 红椒在300℃的烤箱内烘烤30~40分钟（图1）。

❷ 以料理机搅打①，以盐和雪莉醋调味。

❸ 另取一锅放入细砂糖，以大火加热，制作焦糖。呈现焦色后，加入鲜奶油降温（图2）。加入干邑白兰地并使酒精成分挥发。

❹ 在③当中加入②（图3），以手持搅拌棒搅打（图4）。

海胆美乃滋

❶ 海胆撒上紧实作用的盐分（图5），置于冷藏室3天。

❷ 用流动的水清洗①，擦干水分（图6）。置于冷藏室3天使其干燥。

❸ ②的水分充分地排出后，过滤使其成为泥状（图7），加入美乃滋中混拌（图8）。

揭开猪皮之后，即呈现出色彩鲜艳的酱汁和三色堇，赏心悦目。

[要点]

利用冷藏室的风，让海胆水分彻底挥发。

第三章

鱼料理与酱汁

鱼料理很难呈现出制作者的个性——
这个说法已成为过去。
在自由构想之下，酱汁的选择性增加，
可以完成令人印象深刻的料理。

鳞鱼/羽衣甘蓝

鲷鱼和油菜花汤汁

这是以"蒸鲷鱼的美味胶质"为主题的一道料理。用鲷鱼制作的鱼高汤和油菜花制作的
汤品，完成时用香草油和法式混合香草来丰富其香气。汤汁中也可以用羽衣甘蓝来代替
油菜花，目黑先生说："此时添加松露，可以使风味更加浓郁，也很美味。"（料理的
食谱配方→192页）

[材料]

鱼高汤

┌鲷鱼中央的鱼骨…5条
│ 昆布…10g
└水…1L

油菜花…200g

调味蔬菜高汤（→211页）…50mL

平叶巴西利油*…5mL

法式混合香草、柠檬汁、
盐、胡椒…各适量

*平叶巴西利油
平叶巴西利60g和加温至60℃的橄榄
油300g一起放入料理机搅打均匀后过
滤。

[制作方法]

❶ 制作鱼高汤。清洁鲷鱼骨，撒盐放置10分钟（图1）。

❷ 将①以热水烫至表面变白。边浸泡冷水边除去血水（图2）。

❸ 将②、昆布、水放入锅中，加热。沸腾后边捞除浮渣，边以
　 小火加热30分钟（图3），过滤。

❹ 把③放入锅中，熬煮浓缩至成为1/2~1/3量（图4）。

❺ 仅将油菜花叶部分用盐水汆烫并浸泡冰水，定色（图5）。沥干
　 水分。

❻ 将④和⑤放入料理机搅打（图6）。用网目较粗的圆锥形网筛
　 过滤。

❼ 在⑥下方垫放冰水使其急速冷却。用调味蔬菜高汤调整浓度，
　 以盐和胡椒调味（图7）。

❽ 在送至客人面前，在⑦当中加入平叶巴西利油、法式混合香草、
　 柠檬汁并加温（图8）。

[要点]

油菜花茎一旦加入，会使得水分过多，所以仅使用叶片。

银鱼/皱叶甘蓝

黑橄榄、糖渍柠檬、干燥番茄、鳀鱼

银鱼因过于娇嫩故容易受损，入菜银鱼的新鲜程度是成菜成败的关键，鉴于银鱼的特殊性，目黑先生将银鱼列为挑战食材。这令人回想起当初工作的南法，100%橄榄酱汁混拌银鱼，烘托出更加明显的咸味和浓香。连同柠檬、鳀鱼、番茄一起盛入热盘中，覆盖上香煎的皱叶甘蓝，作为温沙拉提供给顾客。（料理的食谱配方→192页）

[材料]

黑橄榄泥

┌ 黑橄榄（盐渍）…50g
└ 橄榄油…200mL

糖渍柠檬（citron confit）、
干燥番茄、鳀鱼…各适量

[制作方法]

❶ 制作黑橄榄泥。黑橄榄去核切成适当的大小（图1）。

❷ 将①放入50℃的干燥机或烤箱内烘干24小时（图2、图3）。

❸ 把②与橄榄油放入料理机内搅打5分钟。过程中适度地补足橄榄油以调整浓度（图4）。

❹ 以网目较粗的网筛，过滤③。使用刮刀将固态材料压滤（图5）。

❺ 混拌至均匀状态（图6）。

❻ 在上菜之前，将⑤浇淋在银鱼（→192页）上，混拌（图7）。

❼ 将糖渍柠檬、干燥番茄、鳀鱼（图8）各切成适当的大小，用于料理完成时。

[要点]

橄榄以低温干燥，制成半干燥状态后再制成泥状。

银鱼/大叶玉簪嫩芽

番茄和甜菜清汤及高汤冻

银鱼、大叶玉簪嫩芽、腌梅泥、粉红、白色双色花穗，由可爱的颜色组合而成的鲜艳红色酱汁。用番茄的清澄水熬煮出甜菜高汤。充满着美味、甘甜、略带土味的这款酱汁，除了可以直接使用，还可以用红芋醋和油脂使其乳化后，成为冻状使用。同样的酱汁不同状态的趣味，使用范围更为扩大。（料理的食谱配方→192页）

[材料]

番茄和甜菜的清汤

番茄水

 番茄…2kg

 盐…24g

甜菜…30g

番茄和甜菜的高汤冻

番茄和甜菜的清汤…400mL

琼脂…20g

红芋醋、米糠油…各适量

[制作方法]

番茄和甜菜的清汤

❶ 制作番茄水。番茄余烫去皮切成大块，撒上盐。在冷藏室内静置一夜（图1）。

❷ 用料理机搅打①，倒入铺有2层纸巾的滤网上（图2）。不施压地等待液体自然滴落。

❸ 将250mL的②倒入锅中，加入切成薄片的甜菜，加热（图3）。沸腾后捞除浮渣，熬煮浓缩至甜菜的颜色和香气融入汤汁为止（图4）。过滤（图5）。

番茄和甜菜的高汤冻

❶ 将"番茄和甜菜的清汤"加热至90℃后，放入琼脂，以搅拌器充分混拌（图6）。移至钵盆中，垫放冰水急速冷却。

❷ 待①凝固后，加入红芋醋使其软化，加入米糠油再以料理机搅拌至乳化（图7、图8）。

在客人面前倒入温热酱汁，品尝略带温热口感的银鱼。

[要点]

番茄前一天先撒盐静置，可以大幅缩短过滤取得番茄水的时间。

樱鳟/鱼子酱

白芦笋的芭芭露亚

以鸡高汤煮至柔软的白芦笋，用冷冻粉碎调理机搅打，混拌鲜奶油等制成芭芭露亚。
融合烟熏鳟鱼的咸味和油脂，与鱼子酱的盐香美味，搭配入口即化的白芦笋芭芭露
亚，"实在是以酱汁为主角"（生井先生）的一道料理。（料理的食谱配方→193页）

[材料]

白芦笋…1kg

鸡基本高汤（fond de
volaille）（→209页）…200mL

牛奶…180mL

板状明胶…10g

鲜奶油、奶油、盐…各适量

[制作方法]

❶ 在白芦笋尖约5cm处切下，其余切成2cm的长度（图1）。白芦笋尖则
取下用于料理。

❷ 在锅中加热奶油，放入①加热。倒入鸡基本高汤，焖煮20分钟
左右（图2）。

❸ 待②的白芦笋变软后，加入牛奶（图3），以盐调味。放入冷冻粉碎
调理机专用容器内冷冻（图4）。

❹ 用冷冻粉碎调理机搅打③，移至锅中加热。

❺ 少量逐次地将④倒入放有以水还原的板状明胶盆中，溶化明胶（图5）。
再次放入最初的钵盆中，混拌全体。盆下边垫放冰水边混拌（图6）。

❻ 将6分打发的鲜奶油分几次加入⑤当中，搅拌（图7）。

❼ 将⑥装入虹吸瓶内，填充气体。在供餐前从虹吸瓶中挤出来（图8）。

[要点]

白芦笋的表皮会释出风味，所以不去皮直接使用。

樱鳟/小芜菁/紫洋葱

茼蒿泥、糖煮枇杷

烟熏鳟鱼佐以茼蒿泥和糖煮枇杷。虽然茼蒿泥的作法很简单，但金山先生表示"一旦冷却后风味锐减就会功亏一溃。在使用前完成，常温使用是绝对必要的条件"。漂着小豆蔻香气的糖煮枇杷，也可说就是"固态的酱汁"。爽脆的口感和香料的甘甜，正是其特殊之处。（料理的食谱配方→193页）

[材料]

茼蒿泥

茼蒿…1把

小苏打…5g

盐…少量

糖煮枇杷

枇杷…2个

细砂糖…25g

水…80mL

小豆蔻籽、柠檬汁…各适量

[制作方法]

茼蒿泥

❶ 以大量添加了小苏打和盐的热水烫煮茼蒿（图1）。使茼蒿的纤维松动软化（图2），取出后浸泡冰水，定色。留下煮汁备用。

❷ 将①与少量煮汁一同放入料理机搅拌，制成泥状（图3）。

糖煮枇杷

❶ 枇杷去皮去核。

❷ 在锅中放入细砂糖和水煮至沸腾，放置冷却备用。

❸ 切碎小豆蔻籽（图4）。

❹ 将①、②、③和柠檬汁放入专用袋内（图5），抽出空气使其成真空状态。放入冷藏库冷藏1天（图6）。

[要点]

加入小苏打可以让茼蒿在短时间内变得容易软化。

鳟鱼/三文鱼籽

烟熏黄油

目黑先生曾经用麦杆熏制鳟鱼，因为这样熏制比直接加热熏制更容易控制其状态，换个思维方式，用麦杆熏制奶油来制作酱汁，搭配腌渍熏鳟鱼。酱油高汤腌渍鳟鱼卵放入盛有四方竹的容器内，浇淋上散发着麦杆清香的酱汁和虾夷葱油后完成。（料理的食谱配方→193页）

[材料]

黄油（无盐）…200g

麦杆…适量

调味蔬菜高汤（→211页）

…300mL

鲜奶油…100mL

柠檬汁、胡椒、盐…各适量

[制作方法]

❶ 黄油切成1cm左右的厚度放在网架上，于冷冻室冷却备用（图1）。

❷ 麦杆填放在18L的铁罐内，放入热炭，再覆盖上麦杆（图2、图3）。

❸ 待冒烟后，将①放置奶油的网架，架放在上方（图4），用方形浅盘覆盖（图5）。烟熏30秒左右后取出（图6）。

❹ 混合③的奶油、调味蔬菜高汤、鲜奶油后，放入锅中，加热（图7）。

❺ 融化奶油至冒出油泡后，以盐和胡椒调味。

❻ 以手持搅拌棒搅打⑤至均匀，挤些柠檬汁完成（图8）。

[要点]

开始烟熏前先充分冷却紧实黄油。

鲳鱼/韭葱/金橘

白波特酒酱汁

烤过的鲳鱼，搭配添加了奶油并以胡椒增加香气、简单的白波特酒酱汁。鱼料理当中，鱼高汤酱汁是一贯的作法，金山先生说"这适合味道香气较为不足的鱼类"，鲳鱼有着非常扎实的美味和香气，因此均衡地使用不影响原本美味、更提升香气的酱汁。（料理的食谱配方→194页）

[材料]

白波特酒…34mL

白胡椒粒…3g

奶油…8g

橄榄油、盐…各适量

[制作方法]

❶ 预备材料（图1）。在锅中倒入白波特酒，加热（图2）。

❷ 撒入研磨的白胡椒粒（图3），熬煮浓缩至1/4量。

❸ 在②当中加入奶油（图4），轻轻混拌。以盐调味。

❹ 在上菜前加入橄榄油（图5）。不需乳化以分离状态使用（图6）。

[要点]

添加奶油后，不要过度地混拌，使其融合即可。

鲳鱼/马铃薯/孔泰芝士

番红花风味鲳鱼原汁

用鲳鱼鱼杂煮出的高汤，添加蘑菇、黄葡萄酒、藏红花等熬煮出香味馥郁的酱汁，用以搭配香煎（poêlé）鲳鱼。虽然是厚重感十足的酱汁，但是用手持搅拌棒，打出饱含空气的轻盈口感。孔泰芝士的美味和咸香更具提味效果。（料理的食谱配方→194页）

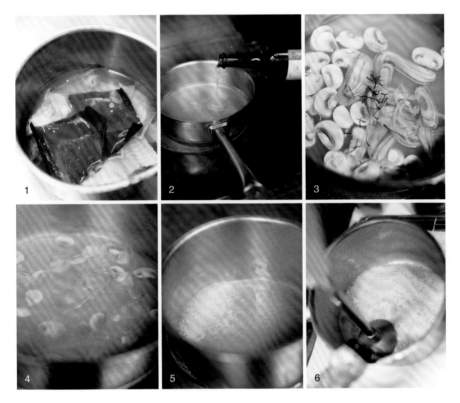

[材料]

鲳鱼鱼汤

┌ 鲳鱼鱼杂…1条的量
└ 昆布水*…300mL

番茄水*…140mL

黄葡萄酒（vin jaunes）…80mL

红葱头…40g

蘑菇…35g

藏红花…0.1g

橄榄油…100mL

盐…适量

*昆布水
浸泡昆布一夜的水。

*番茄水
番茄用料理机搅打，不经压榨地以纸巾静置一夜过滤而成。

[制作方法]

❶ 制作鲳鱼鱼汤。鲳鱼鱼杂用热水汆烫后以流水清洗干净。

❷ 将①以昆布水煮约10分钟（图1），用纸巾过滤。

❸ 将②放至锅中，加入番茄水、黄葡萄酒加热（图2）。放进切成薄片的红葱头、蘑菇，以及藏红花（图3），熬煮浓缩至1/2量（图4），过滤。

❹ 将③放至锅中，熬煮浓缩至产生浓稠感（图5）。以盐调味，加入橄榄油，以手持搅拌棒搅打成泡沫状（图6）。

[要点]

使用大量黄葡萄酒可以让完成时香气更佳。

星鳗/块根芹

可可风味红酒酱汁

星鳗和红酒酱汁的组合，这个构想是源自法国传统红酒炖煮鳗鱼。基于"希望星鳗具有烧烤香气"的考量之下，将鱼和酱汁分别制作，在容器上加以组合完成。酱汁在完成时添加了巧克力，是为使星鳗烧烤过的微苦与可可的苦甜融合为一。（料理的食谱配方→194页）

[材料]

红葡萄酒…150mL

雪莉醋…50mL

鸡高汤（Bouillon de

Poulet）（ →210页 ）…

90mL

鸡原汁（Jus de Poulet）

（→210页）…60mL

调味蔬菜高汤（→211页）

…20mL

奶油…30g

调温巧克力

（可可成分70%）…39g

盐、胡椒…各适量

[制作方法]

❶ 红葡萄酒和雪莉醋放入锅中，加热（图1）。熬煮浓缩至产生光泽为止（图2）。

❷ 在①当中加入鸡高汤、鸡原汁、调味蔬菜高汤、奶油（图3）。边混拌边轻轻略加熬煮（图4）。

❸ 在②当中加入调温巧克力，煮至溶化（图5、图6）。以盐和胡椒调味，过滤（图7、图8）。

[要点]

以切实熬煮和最后过滤，完成浓郁且滑顺的成品。

看起来浓重仿佛秋冬季节般的酱汁，与夹在当中的块根芹充分融合。

鳗鱼/松露

发酵菊芋和松露酱汁

荒井先生将自制发酵菊芋，活用在酱汁当中。盐腌后真空两周而发酵的菊芋，用鸡高汤
略煮后，以松露增添香气。这个酱汁倒在菊芋的蒸蛋上，再摆放香煎熏制鳗鱼。发酵菊
芋的发酵气味及酸味，使得鳗鱼更加爽口。（料理的食谱配方→195页）

[材料]

发酵菊芋

┌ 菊芋…3个
└ 盐…菊芋重量3%的量

鸡高汤（→206页）…150mL

葛粉水、松露、盐…各适量

[制作方法]

❶ 制作发酵菊芋。在菊芋上撒食盐，放入专用袋内使其成为真空状态。置于
常温中约两周使其发酵（图1）。

❷ 除去①的发酵菊芋皮，切成小方块（图2、图3）。

❸ 在锅中倒入鸡高汤，熬煮浓缩至1/2量（图4），加入葛粉水使其浓稠（图5）。

❹ 在③中加入②，加温（图6），撒放切碎的松露（图7）。以盐调味完成制作
（图8）。

[要点]

为避免松露的香气挥发，完成前才撒放。看起来宛如巧克力般，可以用蝾螺肝来调整其浓度及风味。

鲣鱼/柳橙粉

烤茄子冷制粉末、浓缩咖啡油

回游鲣鱼和秋茄的组合。表皮烘烤出烤纹的鲣鱼在温热的状态下盛盘，滴淋上浓缩咖啡油（espresso oil），秋茄泥以液氮使其结冻后，敲碎成粉状撒在表面。借由冰冻粉末营造出"稻烧鲣鱼"的感觉。（料理的食谱配方→195页）

[材料]

烤茄子的冷制粉末

茄子…300g

大蒜…1瓣

鳀鱼…10g

鸡高汤（Bouillon de Poulet）

（→210页）…200mL

调味蔬菜高汤（→211页）…50mL

鲜奶油…50mL

雪莉醋…30mL

盐、胡椒…各适量

浓缩咖啡油

浓缩咖啡…50mL

咖啡油…30mL

食品增稠剂…1g

[制作方法]

烤茄子的冷制粉末

❶ 直火烧烤茄子后剥去表皮。

❷ 大蒜去皮，用牛奶煮开。

❸ 将①、②、鳀鱼放入料理机内（图1），加入鸡高汤后搅打。用圆锥形网筛过滤（图2）。

❹ 在③当中加入鲜奶油和雪莉醋（图3）。以盐和胡椒调味。

❺ 将④装入虹吸瓶内，填充气体。浸泡于冰水中使其冷却备用。

❻ 在耐热容器中注入液氮，将⑤挤于其中（图4）会瞬间结冻，用搅拌器粗略地搅碎（图5、图6）。放入食物调理机中打成粉末状（图7）。

浓缩咖啡油

❶ 冲泡浓缩咖啡。

❷ 在①当中倒入咖啡油（图8），加食品增稠剂混拌。

[要点]

烤茄子的冷制粉末是利用液氮冷却凝固后再搅碎，制成轻盈滑顺的粉末。

鲭鱼/青苹果

鲭鱼和乳清酱汁

乳清的酸味、干式熟成牛肉（dry-aged beef）的脂肪所制成牛脂的甘甜和浓郁，与鲭鱼骨的美味平衡得恰到好处，能够制作出风味温和稳定的酱汁。在熬煮鲭鱼骨时，为了能有效地释放其风味，在前一晚先制成一夜干。烘烤出烤纹的鲭鱼，搭配上酱汁佐以青苹果。（料理的食谱配方→195页）

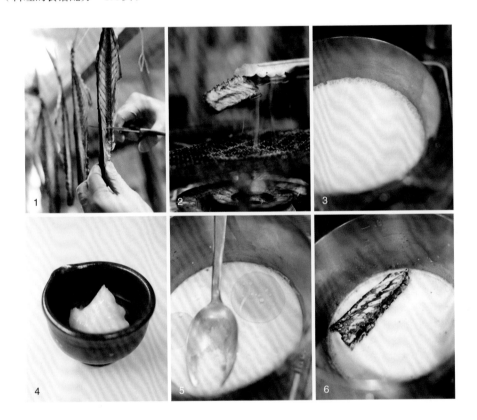

［材料］

鲭鱼骨*···1条的用量

鲜奶油···100mL

乳清···100mL

熟成牛脂*···30g

盐···适量

*鲭鱼骨
鲭鱼三片切开后的中间鱼骨。

*熟成牛脂
从干式熟成牛肉（dry-aged beef）的黑毛和牛脂肪中，取出的自制牛脂。

［制作方法］

❶ 鲭鱼骨放置于通风处一晚制成一夜干（图1）。切成适当的大小以直火烧炙（图2）。

❷ 在锅中煮沸鲜奶油（图3）。乳清和熟成牛脂（图4）一并加入（图5）。

❸ 在②当中加入①，熬煮出风味（图6）。过滤，以盐调味。

［要点］

烧炙鲭鱼骨，使香气能溶入酱汁当中。

红金眼鲷

青豆、金针菇、樱花虾酱汁

对于红金眼鲷的多汁美味，目黑先生表示"盛盘后流出的水分，感觉会稀释了酱汁"。在此，直接油炸得酥脆的樱花虾、青豆、野生金针菇，以调味蔬菜高汤烫煮，制作出具润泽感，"像配菜般的酱汁"。盛盘时这款酱汁会吸收红金眼鲷的水分，使风味更加丰富。（料理的食谱配方→196页）

[材料]

樱花虾（冷冻）…50g

低筋面粉…适量

金针菇…50g

黄葡萄酒…30mL

调味蔬菜高汤（→211页）

…30mL

青豆…20g

平叶巴西利…2g

柠檬汁、米糠油、

奶油、盐…各适量

[制作方法]

❶ 樱花虾粗略地切碎（图1）。

❷ 在①的盆中撒入低筋面粉（图2）。以160℃的米糠油进行油炸（图3）。樱花虾的颜色移转至油当中，当油中的气泡变小时，离火（图4）。以圆锥形网筛过滤沥干油。

❸ 将②沥出放至铺有纸巾的方形浅盘中，以低温烤箱加温，再次释出油分（图5）。

❹ 在锅中加热奶油，拌炒切下茎部的金针菇。

❺ 在④当中加入黄葡萄酒，熬煮后加入调味蔬菜高汤。

❻ 在⑤当中加入③、煮过的青豆仁、切碎的平叶巴西利、柠檬汁，再次加热（图6）。

❼ 熬煮浓缩至⑥的水分收干（图7、图8），以盐调味。

[要点]

使用油炸过的樱花虾能吸附水分，制成具有浓稠感的膏状酱汁。

马头鱼/菇类粉末

和栗泥

以糕点蒙布朗为题材的秋季鱼料理。烤得喷香的马头鱼鳞像是蒙布朗的底座般，叠放上煎香菇。表面大量挤上用栗子和水完成的膏状栗子泥，撒放菇类粉末完成。目黑先生说"既不是甜的也不是咸的，单纯地传递出栗子泥美味的料理"。（料理的食谱配方→196页）

[材料]
栗子…10~12个
水…500mL

[制作方法]

❶ 剥除栗子的外皮及涩皮（图1）。涩皮取下备用。

❷ 将①的栗子放入袋内使其成真空状态。放入95℃，湿度100%的蒸汽旋风烤箱内加热2小时（图2）。

❸ 将①的涩皮放入平底锅内，拌炒至产生香气，上色后，放入200℃的烤箱烘烤15~30分钟（图3）。

❹ 在锅中注入水，再放入③加热（图4）。沸腾后再煮约5分钟，过滤（图5）。

❺ 将②和④以果汁机搅打（图6、图7）后，过滤（图8）。

❻ 将⑤填放至装有入蒙布朗专用挤花嘴的挤花袋内。

栗子泥不能制作得过度柔软。以糕点制作专用的蒙布朗挤花嘴来绞挤。

[要点]

栗子要制作出具有黏性的泥状。

马头鱼

鱼白子汤、黄色芜菁泥

用昆布高汤烫煮鱼白子并以少量白酱油调味，再用料理机搅打，"浓稠液状鱼白子"（荒井先生）作为酱汁，能品尝出马头鱼鳞烧出的一道美味的料理。容器底部铺放以鲣鱼高汤炊煮的黄芜菁泥等，使整体融合成日式风味，但摆盘采用西式风格，组合成富有创意的造型。（料理的食谱配方→196页）

[材料]

鱼白子汤

鳕鱼的白子…250g

昆布水*…300mL

白酱油、姜汁、盐…各适量

*昆布水

昆布浸泡水中一夜过滤而成。

黄色芜菁泥

黄色芜菁、鲣鱼片

…各适量

[制作方法]

鱼白子汤

❶ 煮沸盐水（用量外），烫熟鳕鱼白子表面（图1）。浸泡在冰水中急速冷却，洗去表面的黏稠物质（图2）。

❷ 昆布水放入锅中加热。在沸腾前放入①，边保持温度边捞除浮渣，约烫煮2分钟（图3）。以盐和白酱油调味。

❸ 以食物调理机搅打②，再次放入锅中加热。淋上姜汁（图4）。用手持搅拌棒打发。

黄色芜菁泥

❶ 黄色芜菁去皮，切成半月形。外皮取下备用。

❷ 将①的皮和水（用量外）放入锅中，煮至沸腾（图5）。

❸ 在②当中加入鲣鱼片（图6），转为小火煮至鲣鱼片沉入锅底。过滤。

❹ 将③放入锅中，加入①的黄色芜菁，煮至柔软（图7）。

❺ 将④的芜菁取出，以叉子背面按压成泥状（图8）。

[要点]

白子避免过度受热，用90℃左右的热水仅烫煮表面，使其凝固。

干香菇和焦化奶油酱汁

干香菇连同还原汤汁一起熬煮浓缩的美味精华，搭配胶质丰富七星斑的组合。酱汁完成前加入迷迭香，并加入热热的焦化奶油，最后再加入柠檬汁，可以明显地感受香气四溢。用菠菜卷起法式香菇碎佐以帆立贝脆片。（料理的食谱配方→197页）

[材料]

干香菇…30个

水…8~10L

小牛基本高汤（fond de veau）（→210页）…100mL

奶油…150g

柠檬汁…20mL

迷迭香…2枝

奶油（完成时使用）、

盐…各适量

[制作方法]

❶ 干香菇浸泡在水中一夜（图1）。

❷ 将①连同还原汤汁一起移至锅中，加热（图2）。不加盖地加热约2小时，熬煮浓缩成1/4量。加入小牛基本高汤继续熬煮（图3）。

❸ 在平底锅中加热奶油，制作焦化奶油（图4）。

❹ 在②当中一次加入③的全部用量（图5）。加入柠檬汁和迷迭香，再继续熬煮（图6）。待煮至充分浓缩至浓稠时，过滤。

❺ 将④移至小锅中，加热（图7）。以盐调味，加入完成时使用的奶油，轻轻使其融合（图8）。

[要点]

香菇的还原汤汁熬煮成深茶色，以浓缩风味。

石斑鱼/大豆/蛤蜊

鱼干酱汁

高田先生现在仍在探索想更灵活运用"干货"主题的料理。干燥的大豆、小沙丁鱼干、干香菇等日本传统干货，与鸡肉一同放入压力锅内，炖煮至成为具浓度的膏状。各种美味的要素与大豆的松软甘甜，充满复古情怀的酱汁，大量浇淋在用昆布高汤进行烫煮的石斑鱼上，撒上蛤蜊和煮大豆。（料理的食谱配方→197页）

[材料]

大豆（干燥）…200g

小沙丁鱼干…30g

鸡胸肉…50g

干香菇的还原汤汁…300mL

水…200mL

盐…适量

[制作方法]

❶ 食材的事前处理（图1）。大豆浸泡水中一夜。小沙丁鱼取下鱼腹和鱼头，鱼干浸泡水中还原，仅使用还原汤汁。鸡胸肉切成适当大小（图2）。

❷ 将全部的①和水放入压力锅内（图3），煮约25分钟（图4）。

❸ 将②的压力锅减压，打开锅盖，确认食材是否煮至软烂（图5）。

❹ 以料理机搅打（图6），用圆锥形网筛过滤（图7），再次加热并以盐调味（图8）。

[要点]

也可以加入干燥大豆的还原汤汁。

比目鱼
蜂斗菜和洛克福芝士浓酱

目黑先生"探寻蜂斗菜享用方法的结果，终于制作出的浓酱"。蜂斗菜和紫蒜切碎充分
拌炒后，混合蓝纹芝士和干邑白兰地，提引出苦味和香浓。去皮烤香的比目鱼和酱汁，
同时呈现在一道美味料理中。（料理的食谱配方→197页）

[材料]

洛克福芝士（roquefort）
…150g

干邑白兰地…90mL

蜂蜜…40g

蜂斗菜…200g

紫蒜…100g

柠檬汁、
调味蔬菜高汤（→211页）、
橄榄油、盐、胡椒…各适量

[制作方法]

❶ 混合洛克福芝士、干邑白兰地、蜂蜜（图1），用手持搅拌棒搅打均匀（图2）。

❷ 蜂斗菜切碎（图3、图4）。紫蒜也同样切碎。

❸ 橄榄油放入平底锅中加热，拌炒②的蜂斗菜（图5）。待上色后加入紫蒜，以盐调味。

❹ 将③的平底锅离火，加入①（图6）。再次加热，以小火续煮（图7）。

❺ 待④的水分挥发，油脂分离后，加入柠檬汁和调味蔬菜高汤，撒上胡椒完成制作（图8）。

[要点]

蜂斗菜充分以油脂拌炒，使苦味消失并提引出美味。

鱼白子/地瓜/米

自制发酵奶油

在料理中放入各式各样自家发酵食品的生井先生，在此活用的是，混合酸奶和鲜奶油使其发酵的自制发酵奶油，所制作而成的酱汁。表面略为烘烤的鱼白子放入香甜地瓜的炖饭中，使其融合为一体，浇淋上这款生井先生说："孕育出自然酸味和香气"的发酵奶油酱汁。（料理的食谱配方→198页）

［材料］

发酵奶油

┌ 酸奶…500g

│ 鲜奶油（乳脂肪成分47％）

└ …2L

牛奶…150mL

［制作方法］

❶ 混合酸奶和鲜奶油（图1上），置于常温中一周使其发酵，成为照片中凝固的乳霜状态（图1下）。

❷ 若①的发酵奶油表面产生霉菌时，将其除去。

❸ 将150g的②，和牛奶放入锅中（图2、图3），以刮勺边混拌边加温至即将沸腾（图4）。

❹ 将③以手持搅拌棒打发成泡沫状（图5、图6）。

［要点］

在保存自制发酵奶油时，可以真空冷冻保存。

鱼白子

鱼白子膜

高田先生认为"将白子本身制成酱汁即可"。以日本酒和蛤蜊高汤烫煮白子后制成膏状，再以明胶使其成为凝固的状态。法式炖煮的白子表面覆盖上具弹性的薄膜状慕斯，使得主要食材与酱汁风味融合为一，正是此道料理最大的魅力。（料理的食谱配方→198页）

[材料]

红葱头…30g

日本酒…50mL

蛤蜊原汁*…250mL

鳕鱼白子…50g

板状明胶…2片

盐…适量

*蛤蜊原汁
用少量的水和酒，蒸煮蛤蜊后过滤完成。

[制作方法]

❶ 切碎的红葱头和日本酒、盐在锅中加热至沸腾（图1）。

❷ 在①当中加入蛤蜊原汁，略加熬煮（图2）。加入鳕鱼白子（图3）。

❸ 将②以料理机搅打（图4）。过程中加入以水（用量外）还原的板状明胶（图5），再持续搅拌。

❹ 过滤③，倒入厚2mm的方形浅盘中（图6）。放入冷藏室冷藏使其凝固。

❺ 当④凝固成薄膜后，由方形浅盘中剥落（图7），以直径10cm的环形模切下（图8）。

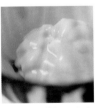

颜色和质感都和鱼白子原本状态近似的薄膜，入口后才骤然感觉到其不同的口感。

[要点]

白子薄膜因容易破损，所以在不影响口感的程度下，使其保持一定的厚度。

柠檬风味沙巴雍酱汁

烟熏鲱鱼整形成鱼卵形的加工食品"亚鲁加鱼子酱（Avruga）"是众所周知的鱼子酱代用食材，被金山先生定位为主要食材。为烘托出亚鲁加鱼子酱的咸味和熏香，酱汁使用的是风味稳定的沙巴雍酱汁。借由糖渍柠檬的酸味和甜味，包覆鱼卵独特的味道。（料理的食谱配方→198页）

[材料]

柠檬酱（Pâte de citrons）
┌ 柠檬…1个
│ 细砂糖…40g
└ 水…400mL
蛋黄…1个
水…25mL
焦化奶油（beurr noisette）
…50mL
柠檬汁…少量

[制作方法]

❶ 制作柠檬酱（图1）。柠檬表皮略厚地切除，果肉切成圆片，表皮除去白色内膜后，反复换水烫煮至沸腾3次。

❷ 将①的柠檬果肉、表皮、细砂糖和水放入锅中煮至沸腾。改为小火煮至柔软为止（水分不足时则补足）。用料理机搅打。

❸ 钵盆中放入打散的蛋黄、柠檬酱9g和水，放入锅中，混拌（图2）。隔水加热，混拌至产生浓稠感（图3、图4）。

❹ 在③当中，边少量逐次加入焦化奶油边混拌（图5）。榨挤出柠檬汁加入（图6）并再次混拌。

❺ 将④装入虹吸气瓶内，填充气体。在供餐前从虹吸气瓶中挤出酱汁（图7、图8）。

[要点]

亚鲁加鱼子酱本身就具有咸味，因此沙巴雍酱汁不再使用盐。

第四章

肉类料理与酱汁

对传统酱汁的新注解，
或者也可以说全面地挑战传统酱汁。
无论是哪一种，都可以提升肉类口感，凝聚浓缩美味，
并且是对现代风味酱汁的极致追求。

鸡/毛蟹/鱼子酱

辣根酱汁

酸桔醋腌渍鸡胸肉覆以胶冻完成制作。酱汁是辣根溶入鲜奶油中制成，以苦艾酒来增添香气。一旦需要真空冷冻保存时，荒井先生表示，重点就在于"确实将辣根的辛辣和新鲜香气移转至鲜奶油当中"，与毛蟹、鱼子酱、香草等盛盘完成，色彩丰富。（料理的食谱配方→200页）

[材料]

辣根（冷冻）…30g

苦艾酒…60mL

红葱头…10g

鲜奶油…125mL

板状明胶…1片

酸奶油…125g

酸奶…60g

柠檬汁、盐…各适量

[制作方法]

❶ 将辣根磨成泥状备用（图1）。

❷ 在锅中放入苦艾酒和切碎的红葱头，加热，熬煮浓缩至水分收干为止（图2）。

❸ 在②中加入鲜奶油（图3），略微加热（图4）。

❹ 将③过滤至钵盆中，加入以水还原的板状明胶，使其溶化。垫放冰水降温（图5）。

❺ 将酸奶油、酸奶和①加入④中混拌（图6）。用盐和柠檬汁来调味，过滤（图7）。

❻ 将⑤放入专用袋内，使其真空冷冻一夜。

❼ 将⑥解冻，大量地涂抹在醋渍鸡胸肉（→200页）表面（图8），置于冷藏室冷却备用。

为避免酱汁在鸡肉冷却后产生裂纹，尽量将酱汁制作得顺滑。

[要点]

借由将酱汁以真空方式冷冻，使辣根的香气移转至酱汁中。

鸡/胡萝卜

川俣斗鸡和胡萝卜酱汁、牛肝菌泡沫

鸡腿绞肉以鸡胸肉卷起成无骨肉卷，浇淋上以鸡高汤熬煮大量胡萝卜，凝聚胡萝卜甘甜风味的酱汁。重点是添加少量的小牛基本高汤，以增进其浓郁风味，生井先生表示，"如此即诞生了法式料理才有的压倒性之美味"。搭配无骨肉卷的是牛肝菌泡沫，能展现出其轻盈感。（料理的食谱配方→200页）

[材料]

川俣斗鸡和胡萝卜酱汁

鸡基本高汤（fond de Volaille）
（→209页）…360mL

胡萝卜…3根

小牛基本高汤（fond de veau）（→210页）…120mL

猪油*…50g

胡椒…适量

*猪油
具有红葱头香气的自制猪油。

牛肝菌泡沫

牛肝菌（干燥）、鸡基本高汤…各适量

[制作方法]

川俣斗鸡和胡萝卜酱汁

❶ 在锅中加入鸡基本高汤（图1、图2），放入切成薄片的胡萝卜（图3）。

❷ 在①当中撒放胡椒，将胡萝卜熬煮浓缩至软化（图4）。

❸ 在②当中加入小牛基本高汤，使充分融合（图5）。以圆锥形滤网过滤。

❹ 在③中加入猪油（图6），轻轻混拌（图7）。

牛肝菌泡沫

❶ 在鸡基本高汤中放入牛肝菌加热，煮沸。

❷ 过滤①，以手持式搅拌棒打发成泡沫状（图8）。

[要点]

添加猪油，在完全融合前就停止混拌。

无骨肉卷的厚度约1.5cm。搭配具强烈存在感的酱汁，在享用时更能相互衬托。

鸡/藜麦

西蓝花泥和西蓝花藜麦

以烤鸡胸肉和西蓝花为题材，两种酱汁的组合能使极为美味又有适度弹力的鸡肉风味更加提升，所以第一种酱汁是制作成滑顺没有特殊味道的泥状，搭配切碎的西蓝花和藜麦，荒井先生表示，"可以享受到不同于泥状口感的享用乐趣。"（料理的食谱配方→200页）

[材料]

西蓝花泥

西蓝花…1朵

沙拉生菜…50g

蛤蜊原汁*…100mL

盐…适量

西蓝花藜麦

西蓝花…100g

蛤蜊原汁…100mL

大蒜油、盐…各适量

*蛤蜊原汁
在锅中放入蛤蜊和水加热，待蛤蜊壳打开后过滤完成的原汁。

[要点]

变化西蓝花各部分的烫煮时间，才能使整体呈现均匀的硬度。

[制作方法]

西蓝花泥

❶ 烫煮西蓝花，捞出后煮汁备用。

❷ 沙拉生菜以盐水烫煮后，用料理机搅打成泥状。

❸ 取蛤蜊原汁放入锅中，温热备用（图1）。

❹ 混合①与③，以食物调理机搅打（图2）。

❺ 在④当中加入①的西蓝花煮汁以调整浓度，加入②的菜泥调整颜色及风味（图3、图4）。以盐调味。

西蓝花藜麦

❶ 将西蓝花的根、茎、花分别切分，并分别切碎（图5）。

❷ 取蛤蜊原汁放入锅中，加热。首先加入①的西蓝花根部（图6），其次加入茎，最后放入花的部分（图7），以极短时间加热。浇淋上大蒜油，以盐调味（图8）。

❸ 过滤②沥干水分，冷却备用。

鸡/可可碎粒

玫瑰奶油、鸡肉原汁

鸡胸肉盛盘，佐以如同奶油中添加平叶巴西利的"香草奶油"般，混入玫瑰花瓣的"玫瑰奶油"。鸡胸肉蒸熟后，涂抹上鸡肉原汁加热，搭配可可碎粒增添口感与苦味。再摆上玫瑰奶油，鸡肉的热度融化奶油，更能提升香气。（料理的食谱配方→201页）

[材料]

玫瑰奶油
玫瑰花（食用花）、
奶油…各适量

鸡肉原汁
鸡高汤（→208页）、
盐…各适量

[制作方法]

玫瑰奶油

❶ 摘下玫瑰花瓣（图1）清洁、冷冻备用（图2）。

❷ 混合①和奶油，以食物调理机搅拌（图3）。

❸ 将②移至钵盆中，以搅拌器混拌至整体均匀，呈现玫瑰花色泽（图4）。

❹ 将③填入泪滴形状的模型中，冷藏（图5）。

❺ 待④凝固后脱模，暂时放置常温中（图6）。

鸡肉原汁

❶ 取鸡高汤放入锅中，熬煮浓缩至约剩1/10量的程度（图7）。以盐调味。

❷ 用①涂抹在蒸好的鸡胸肉上（→200页）收干，并重复3次左右完成制作（图8）。

[要点]

玫瑰花冷冻后更容易与奶油混拌。

鹌鹑/羊肚菌/绿芦笋

鹌鹑原汁

烤鹌鹑搭配其原汁，正是最经典的传统组合。重点在于炒过鹌鹑骨架的油脂全部都要丢弃，才能以没有杂味的状态完成。金山先生重现了他当时在巴黎三星餐厅工作时的步骤，所以若是想要呈现更轻松简易的风格时，也可以直接使用拌炒过的油。原汁再以羊肚菌和黄葡萄酒来增添风味。（料理的食谱配方→201页）

[材料]

鹌鹑骨架…2只

奶油…55g

羊肚菌边角…40g

红葱头…20g

大蒜…1/2个

黄葡萄酒…80g

蔬菜高汤（bouillon de

legumes）（→207页）…450mL

橄榄油、盐…各适量

[制作方法]

❶ 在锅中加热橄榄油，炒制鹌鹑骨架（图1）。添加奶油、羊肚菌边角、切碎的红葱头和大蒜之后，继续炒制（图2）。以滤网沥出油脂（图3）。

❷ 将①放回锅中加热，倒入黄葡萄酒，使酒精挥发（图4）。

❸ 在②当中加入蔬菜高汤，熬煮浓缩至剩3/4量（图5）。过滤（图6）。

❹ 再继续熬煮③，添加少量增添香气的黄葡萄酒（用量外）（图7）。以盐调味完成制作（图8）。

[要点]

丢弃炒过鹌鹑骨架的油脂，可以使成品风味清澄。

鸽子/鸽腿肉炸饼

中华粥和鸽内脏酱汁

擅长将中式料理元素融入料理的荒井先生，将添加干贝的"中华粥"制成具有浓度的酱汁，搭配烤鸽。再加上同时兼具滑顺与浓厚风味的鸽内脏酱汁，混合了两种性质各异的酱汁，酝酿出不同风味的变化。（料理的食谱配方→201页）

[材料]

中华粥	鸽内脏酱汁
干贝…20g	红葱头…50g
干贝的还原汤汁	马德拉酒…30mL
…100mL	波特酒…50mL
生米…75g	鸽原汁（jus de pigeon）
白煮蛋的蛋黄	（→207页）…200mL
…1/2个	鸽心脏和肝脏…各6个
水…3L	鲜奶油…100mL
盐…适量	盐…适量

[要点]

中华粥需熬煮浓缩至成为浓稠酱状为止，需要花时间慢煮。

[制作方法]

中华粥

❶ 干贝用水（用量外）浸泡一夜还原备用。

❷ 在锅中放入生米，水煮蛋的蛋黄用网筛过筛加入其中（图1）。倒入水和干贝的还原汤汁，以小火加热3~4小时熬煮成粥。

❸ 在②当中加入①剥散的干贝（图2），以盐调味完成制作（图3）。

鸽内脏酱汁

❶ 在锅中放入切碎的红葱头、马德拉酒、波特红酒，加热（图4），加热至水分挥发为止（图5）。

❷ 在①当中加入鸽原汁煮至沸腾，加入鸽的心脏和肝脏（图6）。熬煮浓缩至液体收干至2/3的程度，加入鲜奶油（图7）。

❸ 将②放入食物调理机搅打，过滤。以盐调味完成制作（图8）。

鹌鹑/螯虾/皱叶甘蓝

螯虾原汁沙巴雍酱汁

声称"受到山海食材组合魅惑"的荒井先生，在这道料理当中，用皱叶甘蓝裹上薄薄的
面粉炒的鹌鹑和香煎螯虾，佐以螯虾风味的沙巴雍酱汁，有着甲壳类特有的浓郁美味，
用两种不同味道食材整合完成的料理。埃斯普莱特辣椒粉的辣味也是提味重点。（料理
的食谱配方→202页）

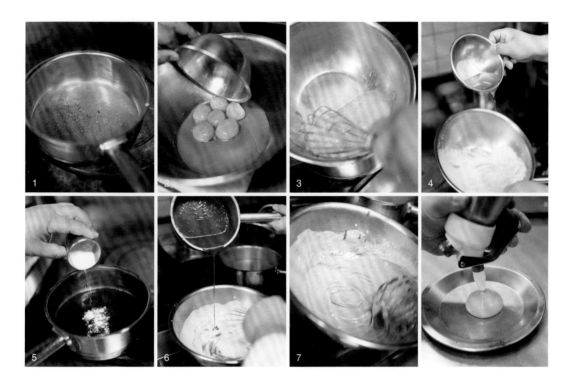

[材料]

红葱头…60g

苦艾酒…300mL

白酒醋…100mL

蛋黄…6个

焦化奶油的澄清部分＊…100mL

螯虾原汁（→206页）…150mL

泡沫用起泡剂＊…10g

柠檬汁、盐、白胡椒…各适量

＊焦化奶油的澄清部分
加温焦化奶油，只舀取上方澄清的油脂部分。
＊泡沫用起泡剂
使液体更容易形成泡沫的辅助剂。

[制作方法]

❶ 在锅中放入切碎的红葱头、苦艾酒、白酒醋，略加熬煮
（图1），撒入白胡椒。过滤。

❷ 将①和蛋黄放入钵盆中（图2）边隔水加热边以搅拌器混拌
（图3）。待混合后，边加入焦化奶油的澄清部分（图4）边
搅打成浓稠、体积增加的状态。

❸ 在锅中放入螯虾原汁煮至沸腾，溶入泡沫用起泡剂（图5）。

❹ 在②当中加入③和柠檬汁混拌（图6、图7）。以盐调味。

❺ 将④装入虹吸气瓶内，填充气体，在供餐前从虹吸气瓶
中挤出酱汁（图8）。

[要点]

使用焦化奶油上方的澄清部分，可以防止其颜色或风味过强。

鹬鸪/鲍鱼

花豆白汁炖肉、鲍鱼肝酱汁

与150页的料理相同，以山珍海味组合为题材是荒井先生的作品。鹬鸪与鲍鱼意外的组合，是因为两者共同地都"略带微苦"。两种酱汁分别是花豆和鲍鱼肝制成，用花豆乳霜般的口感缓和了苦味，鲍鱼肝带着海味香气，令人印象深刻。（料理的食谱配方→202页）

[材料]

花豆的白汁炖肉

鹬鸪腿肉…50g

大蒜…1/2片

百里香…2枝

白酒醋…30mL

鲜奶油…50mL

花豆泥*…20g

橄榄油、盐、
白胡椒…各适量

*花豆泥

在本书中以浸泡花豆的还
原汤汁来炖煮，用食物调
理机搅打后过滤而成。

鲍鱼肝酱汁

鲍鱼肝…4个

日本酒…100mL

白酱油…100mL

盐…适量

[制作方法]

花豆的白汁炖肉

❶ 鹬鸪腿肉切碎，放入加热了橄榄油的锅中，与大蒜、百里香一起拌炒（图1）。

❷ 在①当中加入白酒醋，略微炖煮（图2）。添加鲜奶油熬煮浓缩至2/3量（图3）。

❸ 在②当中加入花豆泥，待全体融合（图4），过滤放回锅中（图5）。以盐和白胡椒调味完成制作（图6）。

鲍鱼肝酱汁

❶ 鲍鱼肝先抹盐腌置1天（图7）。

❷ 不洗去盐地直接将①放入食物调理机搅打。过滤。

❸ 在锅中放入日本酒煮至沸腾。改以小火，加入①和白酱油混拌（图8）。

[要点]

利用盐腌鲍鱼肝的咸味统合整体味道。

绿头鸭/橄榄/银杏

绿头鸭原汁

绿头鸭胸肉，搭配用鸭架萃取的原汁，丢弃炒制鸭架后的油脂，与146页的鹌鹑原汁相同。为避免沾染上多余的焦味，在鸭架炒制上色后才加入大蒜是诀窍。本次制作加入了肉桂和东加豆（dipteryx odorata），增添了淡淡的甜香。完成时浇淋上有着青草味的橄榄油，整合所有的风味。（料理的食谱配方→202页）

[材料]

鸭架（去头、脚等）…1~2 只

奶油…45g

大蒜、红葱头…各适量

白酒…100mL

水…500mL

肉桂粉、东加豆粉、
葡萄籽油、盐…各适量

[制作方法]

❶ 在锅中加热葡萄籽油，炒制切成大块的鸭架（图1）。

❷ 待鸭架上色，等锅底开始黏稠后，加入奶油，溶出锅底精华（图2）。加入切成薄片的大蒜和红葱头，再继续拌炒（图3）。

❸ 待鸭架充分拌炒后，过滤沥干油脂（图4）。

❹ 将③的材料放回锅中，加热，倒入白酒溶出锅底精华（图5）。

❺ 加水熬煮约1小时，至释出骨架中的香气为止（图6）。过程中如果水分不足，则适度地补足。

❻ 以盐调味，过滤（图7）。

❼ 将⑥移至锅中加热。加入肉桂粉、东加豆粉（图8）。

[要点]

丢弃炒制鸭架的油脂，制作的成品没有杂味。

肥肝/洋葱

冰冻蜂斗菜

以蜂斗菜制成的冰激凌，搭配热肥肝享用的一道料理。蜂斗菜的苦味与肥肝的甘味对比，同时冷热的反差，都是享用的乐趣所在。因此生井先生说："最重要的是蜂斗菜要选择具有苦味的，肥肝则要挑选新鲜具有浓郁风味的"，再佐以风味清爽的洋葱瓦片。（料理的食谱配方→203页）

[材料]

牛奶…200mL

鲜奶油…250mL

蜂斗菜…20个

蛋黄…5个

海藻糖（Trehalose）…90g

[制作方法]

❶ 在锅中加入牛奶和鲜奶油，撕下蜂斗菜加入其中（图1）。

❷ 将①加热，至沸腾后离火（图2）。以保鲜膜覆盖密封，放置30分钟后浸煮（图3）。

❸ 在钵盆中放入蛋黄和海藻糖，隔水加热并以搅拌器混拌（图4）。

❹ 将②连同蜂斗菜加入③当中（图5），混拌至浓稠（图6）。以圆锥形网筛过滤（图7）。

❺ 待④略微降温后，放入冷冻粉碎调理机的专用容器内冷冻。

❻ 在供餐前用冷冻粉碎调理机将⑤搅打成滑顺的冰激凌（图8）。

[要点]

蜂斗菜用手不规则撕开加入，能使风味更易移转。

兔肉/胡萝卜/大茴香

兔原汁

金山先生以传统派饼包覆油封兔肉，和内脏烘烤完成，搭配兔原汁的料理。这个原汁不添加高汤或水，仅用波特红酒和红葡萄酒熬煮兔骨架，呈现出原始的风味。为更能烘托兔肉的滋味，会用风味良好的焦化奶油来融合整体，佐以胡萝卜泥。（料理的食谱配方→203页）

[材料]

兔骨架（头、肋骨、膝）
…1只

奶油…75g

红葱头…20g

大蒜…1/2个

波特红酒…150mL

红葡萄酒…400mL

焦化奶油…15g

橄榄油、盐…各适量

[制作方法]

❶ 兔骨架切成大块（图1）。

❷ 在放有橄榄油的锅内炒制①（图2）。上色后加入奶油，边保持沸腾状态边炒制（图3）。

❸ 加入切成薄片的红葱头和大蒜，继续拌炒。兔骨架拌炒至呈黄金色，过滤后丢弃油脂（图4）。

❹ 将③过滤出的材料放入锅中，加热。添加波特红酒，熬煮浓缩至水分消失为止（图5）。加入红葡萄酒，慢慢煮至浓缩剩1/3量（图6）。以盐调味，过滤。

❺ 将过滤的④在锅中温热，加入焦化奶油整合全体（图7、图8）。

兔背肉和肩肉、心脏和肝脏以油封烹调。搭配香煎的肥肝一起盛盘。

[要点]

红波特酒的酸与焦化奶油的融合，美妙地呈现成品的美味。

羔羊/抱子甘蓝/乌鱼子

乌鱼子和甘蓝奶油酱汁

北海道产的羔羊菲力，搭配乌鱼子、甘蓝一起享用的一道料理。乌鱼子用昆布水浸泡至柔软，连同浸泡汤汁一起放入料理机搅打成乳霜状般的乌鱼子高汤。这样充满咸香美味的高汤，炖煮甘蓝作为酱汁，适合搭配肉品一起享用。完成时再摆放乌鱼子片，佐以辛辣的金莲花（Nasturtium）。（料理的食谱配方→203页）

[材料]

乌鱼子…1片
昆布…适量
水…500mL
甘蓝…150g
奶油…30g
奶油（完成时使用）…15g
磨碎的乌鱼子
（完成时使用）…适量

[制作方法]

❶ 乌鱼子（图1）和昆布放入水中。浸泡6小时使乌鱼子柔软备用（图2）。取出昆布，浸泡汤汁保留。

❷ 除去①的乌鱼子薄膜，中间部分以手指将其揉散（图3）。

❸ 将②放回浸泡汤汁中，以食物调理机搅打。

❹ 用圆锥形网筛过滤③，移至锅中（图4）。

❺ 甘蓝分成菜芯、中央叶片、外侧叶片，切成细丝，分别以盐水烫煮备用。

❻ 将⑤的甘蓝菜芯加入④当中，加热至60℃使风味移转（图5）。

❼ 在另外的锅中融化奶油，焖煮⑥的甘蓝中央叶片和外侧叶片。

❽ 少量逐次地将⑥加入⑦当中，略加煮沸（图6）。待煮至适当浓度时，加入完成用奶油和磨碎的乌鱼子，使整体融合（图7、图8）。以盐调味。

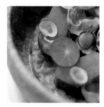

容器底部铺放甘蓝酱汁，上面排放切成薄片的羔羊菲力肉片。

[要点]

以圆锥形网筛过滤后，残留的乌鱼子用汤匙背按压使其落入锅中。

牛/萝卜

炸蔬菜红酒酱汁

烫煮的牛肉薄片，搭配浓郁酱汁的"俄罗斯酸奶牛肉（Beef Stroganoff）"风格的料理，但实际作为酱汁基底的是油炸干燥蔬菜，以红酒熬煮出它的深层风味。"用水熬煮油炸干燥蔬菜，也可作为基本高汤来使用"是高田先生的构想。（料理的食谱配方→204页）

[材料]

洋葱…20g*

胡萝卜…15g*

西洋芹…5g*

月桂叶…1 片

番茄粉…10g

大蒜粉…8g

红酒…300mL

白色小牛基本高汤（fond blanc de veau）（→208页）…200mL

淀粉、橄榄油、盐…各适量

*蔬菜都是干燥后的重量。

[制作方法]

❶ 洋葱、胡萝卜、西洋芹各别放入65℃的蔬菜干燥机24小时，使其干燥（图1）。

❷ 加热色拉油（用量外）至160℃，分别油炸①（图2）。放置网架上沥干油脂。

❸ 在锅中加热橄榄油，拌炒月桂叶、番茄粉、大蒜粉（图3）。

❹ 在③当中加入红酒煮沸（图4）。放入②的炸蔬菜，熬煮浓缩至液体成为2/3量的程度（图5）。

❺ 在④中添加白色小牛基本高汤（图6），熬煮浓缩至半量的程度（图7），过滤。

❻ 在⑤中加入淀粉，以盐调味完成制作（图8）。

烫煮牛肉在酱汁中略为温热，使其入味后盛盘。

[要点]

干燥蔬菜油炸后香气充分释出，产生浓郁的风味。

虾夷鹿/橡子/松子

鸡油菌和盐渍鲔鱼泥

高田先生表示，"在多盘料理套餐当中，若有近似'配菜'或'调味料'般，具有泛用性的酱汁就很方便了"。烘烤虾夷鹿搭配的法式鸡油菌碎，就是这样考量下制作出的酱汁。鸡油菌碎不添加高汤，用盐渍鲔鱼以增加美味及咸味，做成鱼浆丸（quenelle）的形态，搭配肉类，就像调味香料般享用。（料理的食谱配方→204页）

[材料]

猪油*…25g

鸡油菌…150g

盐渍鲔鱼*…适量

*猪油
用的是鹿儿岛奄美大岛生产的原有品种"岛猪"的猪油。

*盐渍鲔鱼
意大利萨丁尼亚岛产的盐渍鲔鱼红肉。

[制作方法]

❶ 在锅中放入猪油和鸡油菌加热（图1）。用小火炒至鸡油菌变软为止（图2）。

❷ 用料理机搅打①，成为法式鸡油菌碎的状态（图3）。

❸ 磨削盐渍鲔鱼（图4）。

❹ 在钵盆中放入常温的②和③，混合均匀（图5、图6）。

[要点]

使用的是急速冷冻的日本产鸡油菌，使香气鲜明呈现。

鹿/腿肉香肠/黑牛蒡

鹿和牛蒡原汁

完全不使用基本高汤或高汤，以红酒熬煮骨架或调味蔬菜，全面提引出食材风味的虾夷
鹿原汁。熬煮时添加大量油炸牛蒡，以其美味和甜味调和主体原汁中的油脂和浓郁感，
增添可以抵消鹿肉略带土味的香气。仔细地捞除牛蒡浮渣，是制作出澄清风味的要领。
（料理的食谱配方→204页）

[材料]

虾夷鹿骨…5kg

牛蒡…10根

胡萝卜…2根

油葱…3个

西洋芹…3根

百里香…1枝

番茄泥…30g

红酒…2.25L

橄榄油、盐…各适量

[制作方法]

❶ 虾夷鹿骨（清理过的）放入230℃的烤箱内烘烤40分钟（图1）。

❷ 切成竹叶般的牛蒡，以180℃的热油（用量外）油炸（图2）。取出后放在铺有
厨房纸巾的方形浅盘中沥干油脂。

❸ 在锅中加热橄榄油，放入切成适当大小的胡萝卜、洋葱、西洋芹拌炒（图3）。
添加百里香、番茄泥，加入①，并倒入红酒，加进②的牛蒡（图4）。以大火
煮沸，捞除浮渣。

❹ 转以小火，熬煮浓缩至半量（图5）。

❺ 用圆锥形网筛过滤④（图6）。仅取出所需用量放入小锅中，煮至沸腾后再次
捞除浮渣（图7）。以盐调味完成制作（图8）。

[要点]

清洁带筋和脂防的骨头，是制作出清爽原汁的关键。

虾夷鹿/西洋梨/长茎芥蓝

甜菜原汁

"食材品质优良，就不需要更加强调美味的酱汁"，金山先生如此表示。状态极佳的烤虾夷鹿，搭配以甜菜、油醋、少量奶油制作出的极简酱汁。甜菜以慢磨蔬果机搅打成保留新鲜香气的液体。用榅桲（coing）醋添增香气，以焦化奶油让整体更加融合为一体。

（料理的食谱配方→204页）

[材料]

甜菜…2个

榅桲醋…18mL

奶油…15g

盐…适量

[制作方法]

❶ 甜菜去皮，切成2cm见方的方块（图1）。

❷ 将①以慢磨蔬果机榨出汁液（图2）。取60mL左右的用量。

❸ 在锅中放入过滤的②（图3），加入榅桲醋（图4）。煮沸后捞除浮渣，熬煮浓缩至1/4的量（图5）。

❹ 制作焦化奶油。在锅中加热奶油，待成金黄色，最初的大气泡变小后关火（图6）。

❺ 边加热③边加入④（图7），以盐调味。搅拌至呈现浓稠状态为止（图8）。

[要点]

添加焦化奶油，可以让整体更加融合。

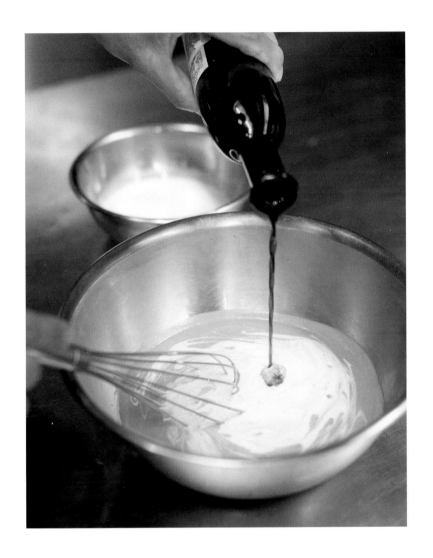

主厨的酱汁论

在时代进步的过程中，
酱汁的定位，也随之产生变化。
当代崭露头角的五位新锐主厨
对"现代法式料理中酱汁的作用"有什么看法？

荒井 升
Arai Noboru

1974年出生于东京都。调理师学校毕业后，到东京都法式料理餐厅学习。1998年远渡法国，在隆河（Rhone）地区、普罗旺斯地区学习了一年。回到日本后，在西式糕点店和筑地边担任批发中介等职务，边进行独立开店的准备。2000年在浅草独立创业。2009年移转至现今的店址，重新装修开张。2018年夏天于临近处开设姐妹店。

——

Hommage
东京都台东区浅草4-10-5
Tel：03-3874-1552

Q：对您而言，何谓酱汁？

构成料理的三要素"主要食材""搭配材料""酱汁"是环环相扣的，必须要多加留意才能完成一道料理。因此，即使像是佩里克酱汁（sauce Périgueux）或萨米斯酱汁（sauce salmis）般具存在感的酱汁，我想也无法仅以酱汁作为主角。

酱汁的独特作用，是香气、颜色、形状可以自由变化，因此在搭配料理时，可以很容易地配合改变。另外，就我本身而言，酱汁多是直接以"美味"和"浓缩感"来表现，熬煮时充分浓缩，使用酒精或奶油时，也是大胆加入。我因长时间持续制作法式料理，即使成品是现代化风格，但其实内涵是没有改变的。

同样地，成为酱汁基础的高汤，需要时间和成本。高汤用的鸡，与料理相同，使用的是整只村越鸡，昆布高汤用的昆布或提味用的鲣鱼，也是选择高品质的。

越是致力于料理细节，更是想要活用食材。为呈现出轻盈感地搭配简单的原汁，用仔细制作出的高汤来制作酱汁，成品更是压倒性地美味，这也是法式料理的魅力之一。因此，作为基础的高汤若不够优质，也无法制作出"最顶级的美味"。在顾客看不到的地方都不偷懒的心，如此的坚持，在一般的工作上也应该如此认真。

Q：制作方法或使用方法的重点是什么？

鲣鱼高汤和白子的汤品中，享用马头鱼的这道料理，就是从日本料理"すり流し"（浓汤）中得到的启发。鸽子与鲍鱼中华粥的酱汁搭配，是从香港享用浓稠的干贝粥时搭配添加在其中的鲍鱼肝组合而联想到的。像是这些不同领域范畴的技术与方法，我都想要使用在法式料理上，呈现更美味的料理。上述的白子汤品，充分使其乳化；中华粥制作时，添加鸽内脏的酱汁，这些手法融入法式料理，虽然令人意外但同时风味上也毫无违和感，实在令人瞩目。

我喜欢在巴斯克地区常见的"海与山食材组合"的料理方式，也经常运用。像这种宛如某种"歪道"的组合，作为饮食文化特有的价值，确实相当吸引人。同样的食材和酱汁的组合，也没有绝对的"适合"或"不适合"，平常一般不常见的歪道组合，也可能因其平衡地整合后，呈现出超级美味的成品也说不定。以这样的构想来看，像是"山鹌鹑和螯虾的酱汁""羔羊与乌鱼子的酱汁"般的料理，也因此诞生了。

一旦接触了海外的饮食文化之后，自己既有的概念就被打破了，察觉到食材的重要性。

金山康弘
kanayama Yasuhiro

1971年出生于神奈川县。曾在"银座L'ecrin"
（东京·银座）、"Cote d'Or"（东京·三田）
等学习。2002年远渡法国，于"Astrance"、
"La Bigarrade"（皆在法国）担任主厨。2013年
回日本后至今，于饭店担任行政主厨之职，同时
兼任该饭店内餐厅"Berce"的主厨料理长。

——

Hyatt Regency Hakone Resort and
Spa "Berce"
神奈川县足柄下郡箱根町强罗1320
Tel：0460-82-2000

Q：对您而言，何谓酱汁？

就我个人而言，最初会先设想一个"框架"
范围再来思考其中食材与酱汁的充分平衡。经典
正统的法式料理当中，大多会挑选搭配主要食材
更有强烈存在感的酱汁或配菜，以此方式构成料
理的全貌，但我采用不同于此的方法来呈现。

料理入口时，最先感受到的与其是酱汁所带
来的冲击，不如说在享用完料理时，能够感受到
食材与酱汁"连结"的风味，才是更理想的状态。
我强烈地不希望因为酱汁的存在，而造成食材本
身"不容易感觉到的部分"被完全抹杀掉。若是
将发挥食材最佳风味的重点作为首要考量，自然
也会随之决定酱汁的内容。

例如，鱼本身的风味和香气较弱、较淡，很
适合搭配以鱼高汤或其他高汤为基础，风味强而
有力的酱汁。但反之，鱼本身紧实且有强烈香气
及风味时，这样味道过强的酱汁无法与鱼的风味
融合，反而破坏了整体的美味平衡。因此不要拘
泥于常识中的组合，我就是用这样的呈现方式来
搭配组合料理。

Q：制作方法或使用方法的重点是什么？

我的目标是，以所需最低限度的要素构成，
但令人感到其复杂程度。重视的就是香气，考
量"香气也是美味的一种形式"，所以用心地制
作出香气佳、澄清的酱汁。最重要的就是更仔细
地进行所有的步骤，并且使用刚制作出的成品。

例如，肉类料理当中，经常会搭配食材原汁，
拌炒后锅边脏污会造成焦臭，所以要仔细清洁等，
基本操作必须以高精细度来执行，安排在搭配供
餐时间恰到好处地完成。刚完成时的鲜度非常重
要，不只是酱汁，蔬菜泥和高汤也是同样的。制
作的浓酱一旦冰凉后香气也会消散，所以必须考
虑常温保存，在开始营业前才进行制作，并且高
汤类也是在制作当天使用完毕。

味道的方向性，必须注意酸味或苦味与咸味
的均衡。例如白芦笋和沙巴雍酱汁的料理当中，
添加在酱汁中的柳橙与搭配的百香果酸味，会因
其酸味而更衬烘出咸味。如此一来，在酱汁中添
加的食盐用量就可以减少，不会因为过咸而损失
白芦笋的香气。

完成时，大多会用奶油融合整体风味或以橄
榄油提引风味。要柔和过强气味或使其更加醇浓
时，则会使用鲜奶油，因为一不小心就会损失或
覆盖掉料理的风味，所以请注意用量和加热时间。
此次栉瓜花和文蛤的料理当中，就使用了油糊融
合整体风味。油糊会使料理完成时带着粉末的感
觉，只要充分地切断粉类的面筋组织，其实可以
制作出较油脂更加柔和且口感轻盈的成品，我觉
得这正是该重新审视的技术。

高田裕介
Takada Yusuke

1977年出生于鹿儿岛县奄美大岛。在调理学校的法国分校毕业后，开始在大阪市内法国料理店等任职。2007年前往法国，于"Taillevent"、"Le Meurice"（皆在巴黎）等学习2年。回日本后，于2010年开始经营"La Cime"。2016年2月重新装修开业。

———

La Cime
大阪市中央区瓦町3-2-15瓦町ウサミビル1F
Tel：06-6222-2010

Q：对您而言，何谓酱汁?

对我而言"增添风味者，皆属之"，料理是确认记忆的步骤，构想的要素、风味的要素，总是存在于自己的体验中。开始强烈意识到这一点后，以前绝不会挑选的食材也会不再犹豫地选用，感觉"若要说是酱汁，也许是食材也说不定……？"

举例而言，像是略为陈放的白乳酪吃起来有酒粕般的味道，因而想要吃乌鱼子；边吃佃煮章鱼和山椒，边喝乌龙茶觉得特别好吃……从这些日常记忆中，发觉美味，并完成酱汁的制作。

出生成长于奄美大岛对我的饮食文化也有启发。"紫菊苣"的血肠酱汁当中，用了猪血、猪油和味噌的组合，是奄美传统料理。

另一方面，最近也意识到"作为酱汁的广泛用途"，因为相较于之前增加套餐中的品项，结果必要的酱汁变化也因而增加。此次提及的蝾螺肝酱汁或昆布马铃薯酱汁，就是以此为构想制作。这些酱汁虽然都是用于蔬菜料理，但也可作为单人料理的配菜，还能搭配鱼或肉类料理作为酱汁使用，具有强烈特性，同时又无使用方式的限制。

Q：制作方法或使用方法的重点是什么?

最近深感兴趣的食材，是干货。晒干的蔬菜、干燥大豆、鱼干……其中有相当多都是带着日式风味的食材，但释放出的美妙滋味，却能感受到这是世界共通的美味。

炸蔬菜的红酒酱汁中使用干燥蔬菜的高汤，我特别中意。洋葱、胡萝卜、芹菜干燥后，油炸，更能提升美味程度，可以制作出风味扎实的高汤。利用切下剩余的蔬菜干燥使用，就可以完全不浪费，调味蔬菜切碎就可以节省拌炒的时间。不用像法国料理的传统高汤般长时间熬煮萃取，借助于食材和压力锅等机器，就能制作出基底的基础风味的话，那么对于人手不足的现代餐厅而言，应该也是个非常好的选项。

莴苣料理当中，就是使用代表日式食材的竹荚鱼干来制作酱汁。鱼干独特的风味，或许会觉得无法搭配法国料理，但实际上因为与奶油和香料的适宜性极佳，用大蒜或奶油包覆也极具效果。若这样还觉得味道过重时，也可浸泡使用，或用辣根等辣味来平衡……像这样超出限制的构想，我想更可以充满创意地制作出酱汁。

生井祐介
Namai Yusuke

1975年出生于东京都。最初志在音乐，25岁才进入料理的世界。在 "Restaurant J"（东京·表参道）、"Masa's"（长野·轻井泽）植木将仁先生麾下学习。"Heureux"（长野·轻井泽）、"CHIC peut-être"（东京·八丁堀）担任主厨之后，2017年9月开设了 "Ode"。

——

Ode
东京都涩谷区广尾5-1-32 ST广尾2F
Tel：03-6447-7480

Q：对您而言，何谓酱汁?

所谓酱汁，可以说是"为了更美味地品尝主要食材的存在"。因此，在考虑酱汁时，研究主要食材本身所拥有的风味为构想开端，具有什么样的口感、如何提引其风味、是否需要使其有酸度、酒和油脂是否能够均衡呈现……像这样以现代化方式呈现主要食材的手法，就是对我而言的酱汁。

另外，酱汁中也必须力求纯净。"杂味的美味"考量方式，我个人虽然也很喜欢，但这与法国料理酱汁的存在方式是相违背的。虽然希望呈现浓缩感，但也不是无论什么都能混在一起熬煮的，目标是希望能呈现有深度又鲜明洁净的风味。

在使用油脂时，一方面不能过度覆盖掉食材风味，必须注意用量，另一方面大量的奶油可以产生"充分美味"的酱汁，也是法国料理的魅力之一。也许作为单品会觉得美味，但"作为套餐时就会过于沉重"，所以大量使用奶油的料理，应该只要重点的一道，就会成为套餐中不可或缺的亮点。

Q：制作方法或使用方法的重点是什么?

以"提升主要食材美味"的观点来看，也会采取用主要食材本身作为酱汁的原料。萤乌贼料理中的萤乌贼酱汁、乌贼和萝卜料理中的酱汁就是这样的组合。考量的就是如此更能强化"吃了什么"料理的印象。

并且，用与主要食材相适性高的食材制作酱汁，也是我喜欢用的手法。像是适合搭配川俣斗鸡的胡萝卜酱汁，或适合虾夷鹿的牛蒡酱汁，七星斑搭配的干燥香菇酱汁等。无论哪一种，彻底熬煮浓缩风味，并且提引出纯净美味就是重点。

具体到制作方法，从酱汁制作成粉末、泡泡、冰激凌等，温度及其构成的变化，也令人乐在其中。这些变化的基础，建立在"古典料理也可以如此完成""曾经享用过这样的组合非常美妙"……法国料理的累积上，这正是我非常珍视并思考的环节。例如荷兰酱（Hollandaise sauce），以传统的沙巴雍酱汁制作就很美味，但就无法使其更加饱含空气吗?若是制作成泡泡，是否泡沫入口时，能让风味更加容易扩散呢……我如此的想像，并进行了制作尝试，结果当然如预期顺利完成，也有失败之作。但是，我认为只有在"自己熟知的美味中，更进一步地提升美味"的心情之下，才能够不断地孕育出新的料理形态。

目黑浩太郎
Meguro Kotaro

1985年出生于神奈川县。在东京都的法国料理餐厅学习，之后2011年前往法国，在"Le Petit Nice Passedat"（马赛）经过1年的修习。回到日本后，在"Quintessence"（东京·御殿山）工作2年半。与同店的师兄川手宽康先生一起结伴转至"Florilège"，在此店于2015年4月开设了"Abysse"。2019年官山点迁址。

—

Abysse
东京都东京都涉谷区惠比寿西1-30-12 ebisuhills 1F
Tel：03-6804-3846

Q：对您而言，何谓酱汁?

看到酱汁，就能看出该位厨师是想要做出什么样的料理。我个人觉得，酱汁是展现厨师最强烈原创性的部分。

对我个人而言，能将食材本身持有的风味，更多样化地，也是酱汁的魅力。像鲣鱼和烤茄子的料理中，烤茄子的冰冷粉末因口中热度融化并散发出茄子香气的呈现；芜菁料理中，芜菁叶的泥酱，虽然看不到叶子的形状，但食用时却能确实感受其存在……像这样包含了食材风味和季节感，并能传递给用餐顾客的酱汁，就是最理想的了。

在我的想法里，酱汁并不是万能的，像白色奶油酱汁或波尔多酱汁般的法式料理传统酱汁，大部分没有限定用途，可以被广泛使用。但另一方面，我想要制作的是"只适用这种食材的酱汁"。酸浆果的酱汁搭配孔雀蛤；茴香的汤汁则要搭配牡蛎，才能呈现整体感等等。如此般，寻找出无法分开考量的料理和酱汁的组合，才是我思考的重点。

Q：制作方法或使用方法的重点是什么?

酱汁尽量简单地调理，明确地界定与主要食材的关联。搭配马头鱼的栗子酱汁就是很适当的例子，使用的仅有和栗与水，但需要煮出栗子涩皮的滋味，使栗子香气渗入其中的水，以此稀释栗子膏。调整浓度也是一道花工夫的工序，即使没有复杂层叠的要素，但只要是将焦点集中在食材上，那么酱汁也自然是美味的。我个人不太在酱汁中添加酒类，也是因为相同的理由，我想要的是没有用苦艾酒香气，或红酒的酸味也能制作完成的酱汁，或更简单就能完成的酱汁。

酱汁，正因为要完全契合料理的特点，所以高汤或基本高汤等具有能适用各种广泛用途的特性。"Abysse"是特别注重鱼贝类料理的餐厅，以鸡高汤来作为美味基础的基底，取代水分使用的白色高汤。熬煮两天的全鸡，借由高汤熬煮出的鸡基本高汤，足以补足酱油风味的浓郁及美味的鸡原汁，都是基本常备的。用这些与水果蔬菜泥、水果、乳清、油脂等组合制作而成广泛的酱汁变化，正是我的手法。

其中，橄榄油是最常使用的。日本鱼类纤细的风味，也未必都能与奶油类酱汁相适，但却需要有油脂类独特的浓郁及美味。所以在此活用了许多添加各式香气的油脂，像是添加罗勒叶或虾夷葱等自制油脂的使用，坚果油、柑橘油、添加鸭儿芹等蔬菜香气的油脂……，加入酱汁当中或浇淋在完成的料理上，都能更添丰富香气。对我而言，或许油脂也算是了不起的"酱汁"。

料理食谱配方与
五位主厨的高汤

关于本书中登场的 78 道料理，
除了酱汁之外，详细记述了搭配与制作，
合并收录了五位主厨所使用的 18 种高汤食谱。

（→8页）

白芦笋
杏仁果／柳橙
柳橙风味的沙巴雍

—

金山康弘
Hyatt Regency Hakone
Resort and Spa "Berce"

—

[制作方法]

白芦笋

洗净白芦笋去除老茎后煮熟。

杏仁果

❶ 在锅中加入15mL的水和15g的细砂糖，加热至120℃左右。放入略微烘烤过的杏仁果(马尔科纳品种)，待细砂糖呈茶色前关火。加入杏仁果混拌至包裹细砂糖变成白色为止。

❷ 再次加热①，至呈现咖啡色为止，使其焦糖化。

❸ 待②稍稍放凉后，切成适当的大小。

完成

❶ 在白芦笋上刷涂少量的橄榄油，盛盘。在旁边倒入柳橙口味的沙巴雍，再滴入橄榄油。

❷ 在①的周围撒放杏仁果碎、百香果、金莲花的叶子。

> 加入了酸味的要素搭配，更烘托出酱汁的咸味。此次虽然使用的是百香果，秋海棠的花等也适合。

（→10页）

葱汁
葱烧原汁

—

高田裕介
La Cime

—

[制作方法]

烧烤青葱

❶ 青葱放入300℃的烤箱中烘烤，以保鲜膜将其卷成棒状整理形状。

❷ 待①的温度略降后，拆除保鲜膜，切成2cm的长度。以喷枪烤炙断面。

豌豆

取烧烤青葱的原汁放入锅中煮沸，放入豌豆略为烫煮。

完成

❶ 烧烤青葱放入容器，倒入豌豆和葱烧原汁。

❷ 散放芽葱，浇淋葱油。

> 在酱汁当中，温热豌豆，可以让葱的甘甜和豌豆的青草味彻底融合。

（→12页）

鲕鱼寿司饭和豆子
香菇和饭的酱汁

—

生井祐介
Ode

—

[制作方法]

❶ 甜豆以盐水烫煮3~5秒。

❷ 在锅中放入鱼高汤煮沸，加入奶油，以盐调味。切成适当大小的四季豆和蚕豆分别加热。

❸ 在容器内盛放①和②共3种豆子，倒入少量②的煮汁。以大叶玉簪嫩芽包卷香菇和饭的酱汁，撒上酸模(oseille)叶。

> 3种豆类略加炖煮，既留有口感又同时保有丰富的风味。

（→14页）

青豆仁
小黄瓜 / 牡蛎
酸模原汁、高丽泥

—

金山康弘
Hyatt Regency Hakone
Resort and Spa "Berce"

—

[制作方法]

❶ 青豆仁略加烫煮。

❷ 在容器内摆放①和高丽泥，再添上切成适当大小的生鲜牡蛎。倒入酸模原汁。

❸ 在②上摆放克伦纳塔盐渍猪脂火腿（Lardo di Colonnata），再摆放上斜切，并使切面烘烤出焦色的小黄瓜。

❹ 在③上摆放磨削的佩科里诺羊乳芝士（Pecorino cheese）、切半的樱桃、酸模叶。

> 同时可以感受到甜味、酸味、苦味各种要素的一道料理，盐渍猪脂火腿的油脂成分更能融合整体的浓郁感。

（→16页）

笋 / 海带芽 / 樱花虾
笋的酱汁

—

生井祐介
Ode

—

[制作方法]

笋

制作笋的酱汁时，取出的笋直接油炸制作。

海带芽慕斯

❶ 海带芽汆烫后沥干水分。

❷ 帆立贝以食物调理机搅打。加入①，继续搅打，以盐调味。

❸ 在②当中加入蛋白，搅拌，调整其柔软度。

❹ 将③倒入保鲜膜上，整形成直径1cm左右的圆柱体。蒸制。

樱花虾

樱花虾撒上太白粉油炸。

完成

❶ 在深形容器内交替地层叠上笋和海带芽慕斯。装饰上红酢浆草（oxalis）。

❷ 另外附上笋的酱汁和樱花虾。建议先在笋和海带芽慕斯表面浇淋酱汁品尝，接着撒放樱花虾后一起享用。

> 制作海带芽慕斯时要确认帆立贝和海带芽的搅打状态，若不够柔软时，再以蛋白调整即可。

（→18页）

螯虾 / 笋
番茄
番茄和山椒嫩芽的酱汁

—

金山康弘
Hyatt Regency Hakone
Resort and Spa "Berce"

—

[制作方法]

螯虾和笋的层叠油炸

❶ 烫出竹笋的苦味。

❷ 螯虾用刀子粗略切碎。加入蛋白和玉米粉，以食物调理机搅拌，用盐调味。

❸ 在①的竹笋尖端附近切开一半，涂抹上大量的②。

❹ 用50g的00面粉，加入80g的黑啤酒（健力士）混拌，作为面衣。

❺ 将④的面衣沾裹在③，以橄榄油油炸。

完成

❶ 在容器内盛放带花芝麻叶，倒入番茄和山椒嫩芽的酱汁。

❷ 螯虾和笋的层叠油炸切成2等分，断面朝上盛放。撒放山椒嫩芽。

> 层叠油炸的面衣，是以黑啤酒取代水分使用，使面衣除了酥脆之外更略带微苦。

（→20页）

（→22页）

（→24页）

春
油菜花泥
马铃薯香松（crumble）

—

目黑浩太郎
Abysse

—

[制作方法]

球芽甘蓝

在加热橄榄油的平底锅内放入
对切的球芽甘蓝(小型)，拌炒
至上色。

象拔蚌

❶ 象拔蚌去外壳，切开水管、蚌
肉、系带。全部切成粗粒。
❷ 在①上淋上橄榄油，在加热的
平底锅内煎香。略撒上盐。
❸ 在②中加进切碎的紫蒜，浇淋
柠檬汁以溶出锅底精华。

完成

❶ 将油菜花泥在容器内倒流出圆
形，摆放象拔蚌。
❷ 在①上摆放马铃薯香松，接着
仿佛盖满一般地盛放球芽甘蓝。
❸ 放上油菜花和撕碎的香叶芹。

> 为不损及口感，使用的是挑
> 选过的小型球芽甘蓝。

马铃薯
昆布和马铃薯的酱汁

—

高田裕介
La Cime

—

[制作方法]

面疙瘩

❶ 马铃薯烫煮后剥去外皮，捣碎。
以网筛过滤。
❷ 在①当中加入低筋面粉、蛋黄、
磨削的帕玛森芝士粉、盐混拌。
❸ 将②整形成直径4cm左右的球
状，以盐水烫煮。

完成

❶ 面疙瘩搭配昆布和马铃薯酱
汁，温热盛盘。
❷ 油炸笔头菜前端，沾附在①的
表面。

> 可作为一道蔬菜料理，也能
> 作为配菜被灵活运用。昆布
> 和马铃薯酱汁也适合搭配清
> 淡的鱼或鸡肉。

马铃薯 / 鱼子酱
蛤蜊和鱼子酱的酱汁

—

生井祐介
Ode

—

[制作方法]

马铃薯饼

❶ 马铃薯烫煮后剥去外皮，捣碎。
以网筛过滤。
❷ 在①中加入低筋面粉、蛋白混
合，擀压成2mm的厚度。以直
径4cm左右的环形模具按压，
以烤箱烘烤。

完成

❶ 马铃薯去皮，切成半圆形薄片。
❷ 在器皿上盛放马铃薯饼。摆放
上马铃薯泥，将①的马铃薯薄
片整形成圆锥状，插入薯泥形
成漂亮的花形。
❸ 在②的马铃薯薄片上摆放鳟鱼
卵。倒入蛤蜊和鱼子酱的酱汁，
以半开放式烤箱略微加热。

> 生井先生形容马铃薯饼以
> "不甜的饼干面团"，烘烤出
> 香脆的口感。

（→26页）

（→28页）

（→30页）

栉瓜／文蛤
橄榄
文蛤、橄榄和糖渍柠檬的酱汁

—

金山康弘
Hyatt Regency Hakone
Resort and Spa"Berce"

—

［制作方法］

栉瓜与文蛤泥

❶ 栉瓜切成小方块。

❷ 用加热了橄榄油的平底锅拌炒少许的大蒜，待散发香气后加入①。待栉瓜变软后，放入百里香，撒入盐。

❸ 在②中加入少量的水，覆以纸盖煮至栉瓜即将烂熟为止。

❹ 以料理机搅打③，使其成为带有粗粒的泥状。

❺ 以少量水烫煮文蛤至开壳。取出蛤肉，以料理机搅打成泥状。

❻ 在④当中加入⑤和少量的蛋黄混拌，以盐调味。

完成

❶ 在栉瓜花中填入栉瓜泥和文蛤泥。

❷ 在平底锅中倒入约1cm深度的蔬菜高汤，放入①，以180℃的烤箱蒸烤。

❸ 将②盛盘，倒入文蛤、橄榄和糖渍柠檬的酱汁。

> 填入材料的栉瓜花，浸泡在蔬菜高汤中加热，可以避免干燥。

银杏
鲭鱼片和山茼蒿的酱汁

—

荒井 升
Hommage

—

［制作方法］

❶ 银杏去壳带皮以米糠油直接油炸。剥除外皮，撒上盐，沾附菊花瓣。

❷ 将①盛盘，倒入鲭鱼片和山茼蒿的酱汁，浇淋上橄榄油。

> 为能与具有强烈美味的鲭鱼片酱汁均衡呈现，完成时浇淋上的橄榄油请选择香气清爽的类型。

烘烤小洋葱
松露的酱汁

—

荒井 升
Hommage

—

［制作方法］

焦糖化小洋葱

❶ 小洋葱去皮撒上盐。以铝箔纸包覆，放入150℃的烤箱中加热30分钟。

❷ 将①对半切开。在融化了奶油的平底锅中将切面煎烧至焦糖化。

填充小洋葱

❶ 小洋葱去皮撒上盐。以铝箔纸包覆，放入150℃的烤箱中加热30分钟。

❷ 洋葱薄片与切成细丝的培根，以融化了奶油的平底锅香煎。以小火拌炒约30分钟后，再加入鲜奶油，以盐和胡椒调味。

❸ 挖空①填入②。

干燥小洋葱

❶ 小洋葱切成薄片状。

❷ 混合砂糖、海藻糖和水，制作糖浆。与①一起放入专用袋内，使其成为真空状态。用60℃的蒸汽旋风烤箱加热1小时。

❸ 将②从蒸汽旋风烤箱中取出，以蔬菜干燥机使其干燥。

完成

❶ 将焦糖化小洋葱盛盘，撒上按压成圆片的松露。

❷ 将填充小洋葱盛盘，撒上按压成圆片的竹炭面包丁和干燥小洋葱。

❸ 挤上点状的松露酱汁。

> 利用小洋葱本身的糖分使其焦糖化，因此选用的是甜味较强的小洋葱。

（→32 页）

（→34 页）

（→36 页）

莴笋 / 鱼干

鱼干的酱汁

—

高田裕介
La Cime

—

[制作方法]

❶ 莴笋（茎用莴苣）剥除外皮，以水浸泡。切成长条状后，以盐水烫煮。

❷ 在盘中将①以井字形状相互交错摆放，浇淋上鱼干酱汁。

❸ 在②上磨削孔泰芝士，撒上马郁兰。浇淋上芥花油。

> 鱼干酱汁，也很适合鸡或羔羊料理。因其风味强烈，也可试着加入磨削的辣根泥等，突显风味地挑战其他搭配。

芜菁

芜菁叶酱汁、香草油

—

目黑浩太郎
Abysse

—

[制作方法]

❶ 在钵盆中放入白乳酪（fromage blanc）、鲜奶油、酸奶油混拌。

❷ 在锅中放入牛奶加热，煮沸前加入用水还原了的板状明胶。加入①当中混拌。

❸ 芜菁去皮，切成薄扇形片。

❹ 将①盛盘，插入卷成圆锥状的③，层叠成圆顶状。

❺ 芜菁叶的酱汁中混拌蒸熟的毛蟹肉，以盐、胡椒、柠檬汁调味。分成几个点地分别盛放在④的周围。

❻ 在⑤的周围浇淋上香草油，再添加上鱼子酱。

> 在完成前加入柠檬汁，使酱汁的轮廓不致被模糊，更能烘托出整体的风味。

芜菁 / 鳀鱼
杏仁果

鳀鱼和杏仁瓦片

—

金山康弘
Hyatt Regency Hakone
Resort and Spa "Berce"

—

[制作方法]

❶ 在供餐前将芜菁（蜜桃芜菁）薄切成扇形片。

❷ 在盘中叠放①和鳀鱼、杏仁瓦片，浇淋上熬煮出浓稠的苹果汁。撒放西洋芹叶。

> 苹果汁的酸味与鳀鱼特有的风味十分相衬。可以品尝到芜菁的爽口，同时又具饱腹感。

（→38页）

带苦的美味
蝶螺肝和咖啡酱汁

—

高田裕介
La Cime

—

[制作方法]

❶ 削去萝卜皮，切成适当的大小，用盐和增添风味的昆布高汤一起煮。切成直径1cm、长2cm左右的圆柱体。

❷ 在①当中加入蝶螺肝和咖啡酱汁使其混拌。

❸ 将②盛盘，点缀上薄切片樱桃萝卜（radish）和红酢浆草（oxalis）。

❹ 盘子上半部筛撒上咖啡粉。

> 看起来仿佛巧克力般的外观是本菜的重点。可以直接作为鱼料理的搭配，也能作为野味料理的佐酱。

（→40页）

意大利紫菊苣
黄金柑
开心果
黄金柑果泥

—

金山康弘
Hyatt Regency Hakone
Resott and Spa "Berce"

—

[制作方法]

❶ 意大利紫菊苣对半切开，按压在铁氟龙加工的平底锅上两面烘煎。

❷ 在①的断面以喷枪烧炙。

❸ 将②盛盘，附上椭圆形的黄金柑果泥。在酱汁周围淋浇橄榄油。

❹ 将乌鱼子磨削在意大利紫菊苣表面。撒上放入烤箱中烘烤过的开心果碎。

> 供餐前才烘烤开心果，在热热的状态下切碎，更能享受到丰富的香气。

（→42页）

紫菊苣
血肠酱汁

—

高田裕介
La Cime

—

[制作方法]

香煎紫菊苣

❶ 紫菊苣切成1cm大小的块状，以放入橄榄油的平底锅香煎。以盐调味。

❷ 在①上加入血肠酱汁混拌。

酥炸紫菊苣

❶ 整颗紫菊苣以橄榄油酥炸。

❷ 将①的下半部沾裹血肠酱汁。

完成

在盘中铺放香煎的紫菊苣，摆上酥炸紫菊苣。撒上盐。

> 紫菊苣以香煎和酥炸的两种方式呈现，表现出不同的魅力。

（→46页）

牡丹虾 / 胡瓜
小黄瓜粉和冻
—

生井祐介
Ode
—

[制作方法]

❶ 剥除新鲜活牡丹虾的虾壳，取下虾头和泥肠。
❷ 用柠檬汁、莱姆汁、姜汁混合沾裹①，再撒上冷压白芝麻油和盐，静置约10分钟。
❸ 将②盛盘，浇淋上小黄瓜冻。最上方再撒放小黄瓜粉。

> 使用的是高新鲜度的、来自北海道的牡丹虾。

（→48页）

螯虾
胡萝卜
三色蔬菜油
—

高田裕介
La Cime
—

[制作方法]

❶ 螯虾撒上盐香煎，去壳。取下虾头和泥肠，撒上盐。
❷ 将①盛盘，倒入3色蔬菜油。
❸ 在②上，增添以胡萝卜油混拌过的迷你胡萝卜和胡萝卜泥。散放胡萝卜叶和香叶芹，撒上帆立贝内脏红色部分和胡萝卜粉。

*胡萝卜泥
制作胡萝卜油时取出绞挤的胡萝卜，放入冷冻粉碎调理机专用容器冷冻，再搅打而成。

> 蔬菜油，连同蔬菜泥一起使用更能提高其存在感。此外，用清澄高汤，也能提升颜色及香气。

（→50页）

龙虾的照烧
鸡内脏酱汁、龙虾原汁
—

荒井 升
Hommage
—

[制作方法]

龙虾的烧烤

❶ 龙虾（法国布列塔尼产）烫煮后除去虾壳。
❷ 在①的龙虾虾身上刷涂融化的奶油。
❸ 在②上刷涂龙虾原汁，以半开放式明炉烤箱略微加热，重复数次进行烧烤制作。

红椒坚果酱

❶ 在倒入并加热了橄榄油的平底锅中，拌炒切成薄片的大蒜和洋葱。
❷ 待①的洋葱拌炒至柔软后，加入水煮红椒、整颗番茄、杏仁薄片，熬煮。
❸ 以食物料理机搅打②，以盐、胡椒调味。加入艾斯佩雷产辣椒粉。

完成

❶ 在容器上摆放长方形模，倒入鸡内脏酱汁。取下模型。
❷ 在①上摆放龙虾，搭配椭圆形的红椒坚果酱。
❸ 点缀切成薄片的杏仁果和玻璃苣叶。

> 甲壳类搭配鸡肝的组合，是从古典传统料理中得到的启发。添加了红椒坚果酱更具有中南美风格。

（→52页）

（→54页）

（→56页）

龙虾贝涅饼
龙虾酱汁·原汁

—

荒井 升
Hommage

—

[制作方法]

龙虾贝涅饼

❶ 虾肉、龙莴、昆布高汤、鲜奶油，一起用食物调理机搅打。添加干邑白兰地和苦艾酒，并以盐调味。

❷ 将预先烫煮好的龙虾（布列塔尼产）先切成1cm的块状，与①混合。用保鲜膜整形包成球状，沾裹上贝涅饼的面糊。

❸ 以米糠油酥炸②。

贝涅饼面糊

❶ 在钵盆中放入低筋面粉、玉米粉、盐、砂糖、牛奶，混拌均匀。

❷ 将溶化奶油和全蛋加入①当中，混拌。

完成

❶ 用月桂叶枝插入龙虾贝涅饼中，盛盘。

❷ 在另外的容器内放入椭圆形的胡萝卜泥，倒入龙虾的红酒野味（civet）酱汁。

> 胡萝卜泥的甜味与龙虾和贝涅饼面糊都十分相配，边溶于酱汁边享用。

龙虾
可可 / 万愿寺辣椒
乌贼墨汁和可可酱汁

—

金山康弘
Hyatt Regency Hakone
Resort and Spa "Berce"

—

[制作方法]

龙虾

❶ 把龙虾对半切开。带壳断面朝下地放入铁氟龙加工平底锅内，以中火煎烤。

❷ 将①翻面转成小火，以余热加温。放入奶油，融化后增添香气，完成。

❸ 剥去龙虾外壳。

万愿寺辣椒

❶ 万愿寺辣椒用平底锅煎烤后切成圆片。

❷ 用喷枪烧炙①，呈现烤色，撒上盐。

完成

❶ 将龙虾盛盘，摆放上克伦纳塔盐渍猪脂火腿（Lardo di Colonnata），撒上盐。

❷ 在①的旁边倒入乌贼墨汁和可可的酱汁，滴淋上橄榄油（Taggiasca品种）。

❸ 佐以万愿寺辣椒，撒上虾卵粉。

> 完成时，使用的是略带刺激辣味Taggiasca品种的橄榄油，更能烘托整体风味。

萤乌贼 / 西班牙香肠
长根鸭儿芹 / 笋
萤乌贼和西班牙香肠酱汁

—

目黑浩太郎
Abysse

—

[制作方法]

笋

❶ 在锅中加满水，连同米糠一起将竹笋烫煮30~40分钟。浸泡于流水中降温。

❷ 将①除去笋壳，切成一口大小。

❸ 放进加热了橄榄油的平底锅中，香煎②至表面呈色为止。

完成

容器内盛装煎好的笋，浇淋上萤乌贼和西班牙香肠的酱汁，撒上酸模叶。

> 酱汁当中略微熬煮的萤乌贼是主角。嚼感良好的竹笋具有画龙点睛之效。

（→58页）

萤乌贼 / 紫菊苣

萤乌贼和西班牙香肠浓酱

—

生井祐介
Ode

—

[制作方法]

❶ 紫菊苣切成1cm的块状，用橄榄油香煎。以盐调味。

❷ 除去萤乌贼的眼睛、嘴和软骨，沾裹上贝涅饼面糊，用橄榄油酥炸。

❸ 在盘子三个位置摆放①、萤乌贼和西班牙香肠浓酱，再叠放上②和混拌了法式油醋酱的新鲜紫菊苣。

❹ 撒上烟熏红椒粉。

> 是用萤乌贼浓酱享用萤乌贼的一道料理。新鲜和香煎的两种紫菊苣担任着中间转换口味的功能。

（→60页）

乌贼 / 大叶玉簪嫩芽

丝绸芝士乳霜
罗勒油

—

目黑浩太郎
Abysse

—

[制作方法]

❶ 处理乌贼，身体以生鲜食物吸水垫包覆放置于冷藏室静置两天左右。

❷ 将①用刀子划出格状纹，撒上盐之花（fleur de sel）。

❸ 将②与切成圆片的甜绿番茄一起盛盘。撒上切成适当大小的西洋芹和大叶玉簪嫩叶。

❹ 在③的表面，用丝绸芝士（stracciatella）的乳霜划出线条。

❺ 散放红叶芥末（red leaf mustard）、香雪球（alyssum）的花、金莲花、红酢浆草等香草，撒上松子。

❻ 滴淋罗勒油。

> 以略具黏稠感的乌贼和大叶玉簪嫩叶的组合启发，联想到以白绿食材统一整道料理。

（→62页）

乌贼 / 萝卜

萝卜泥酱汁

—

生井祐介
Ode

—

[制作方法]

乌贼

❶ 处理乌贼。身体表面细细地划切出纹路，拍撒上低筋面粉。

❷ 加热铁氟龙加工的平底锅，①的划切面朝下地煎烤。过程中加入孜然粉，增添香气。

萝卜饼

❶ 拧干水分的萝卜泥和低筋面粉一起混拌。加入盐调味。

❷ 将①擀压成1cm厚，放入热油的平底锅中两面烘煎。切成1.5cm的块状。

黑米泡芙

❶ 黑米煮成软烂状态。

❷ 将①薄薄铺放在烤盘上，以蔬菜干燥机使其干燥。

❸ 以180~190℃的热油略加油炸成膨胀米香状。

完成

❶ 在容器上盛放萝卜饼，覆盖上克伦纳塔盐渍猪脂火腿（Lardo di Colonnata）。再直立地摆放黑米泡芙和乌贼。

❷ 佐以百里香和切成薄片的黑萝卜。

❸ 以挖出中央部分的萝卜段为容器倒入萝卜泥酱汁，与②一起附上。在客人面前将酱汁浇淋至盘中。

> 以大量覆盖着萝卜泥的"雪见锅"为主题。佐以萝卜饼、新鲜萝卜，是一道全萝卜料理。

（→64页）

（→66页）

（→68页）

透抽和坚果
开心果油

—

目黑浩太郎
Abysse

—

［制作方法］

透抽

❶ 处理透抽。身体部分用菜刀划出细格子状，涂抹上橄榄油。

❷ 用平底锅略为烘煎①的单面，加入柠檬汁释出锅底精华。

黄蜀葵沙拉

❶ 以奶油香煎金针菇。

❷ 在钵盆中放入切成适当大小的黄蜀葵花苞和切碎的红葱头，以油醋混拌。

❸ 在②当中加入①，混拌。

完成

❶ 将透抽放入黄蜀葵沙拉的盆中，混合。

❷ 将①色彩丰富地盛盘，圈状淋上开心果油。散放切碎的粉状开心果，点缀芝麻菜的花和茴香花。

> 富有油脂成分的坚果非常适合带有黏稠感的透抽，目黑先生表示"开心果或榛果都可以万能搭配。"

花枝
红椒 / 芜菁甘蓝
红椒原汁、芜菁甘蓝泥

—

金山康弘
Hyatt Regency Hakone
Resort and Spa "Berce"

—

［制作方法］

❶ 花枝处理后，切成小块状。

❷ 将①与柠檬、百里香、盐、橄榄油混拌。

❸ 将②盛盘，旁边佐以芜菁甘蓝泥。再倒入红椒原汁。

❹ 在芜菁甘蓝泥上浇淋橄榄油（Taggiasca品种），装饰上龙蒿的嫩芽。

> 加入芜菁甘蓝泥中的奶油浓香，更烘托出花枝的黏稠甘甜。

短爪章鱼 / 山椒嫩芽
乌龙茶
乌龙茶酱汁

—

高田裕介
La Cime

—

［制作方法］

❶ 用盐揉搓后，以水清洗短爪章鱼脚。用盐水烫煮。

❷ 在乌龙茶酱汁中加入①，温热。

❸ 将②盛盘，撒上山椒嫩芽。

> 高田先生说，吃饭正喝着乌龙茶，据说因而产生了这样的组合。

（→70页）

文蛤／油菜花
文蛤和油菜花酱汁 苦瓜泡沫

—

生井祐介
Ode

—

[制作方法]

文蛤
❶ 在锅中放入酒和水煮沸，放入文蛤煮至开口。
❷ 从①的文蛤中取出蛤肉清理。

面疙瘩
❶ 烫煮后去皮的马铃薯以网筛过滤。
❷ 在①中加入低筋面粉、蛋白、盐混拌。加入芥花油，揉和至产生面筋为止。
❸ 将②整形为直径1.5cm、长4cm左右的圆柱体，放入冷冻室中冷却变硬。
❹ 供餐前将③用盐水烫煮。放入文蛤和油菜花的酱汁中温热。

完成
❶ 在盘中盛放文蛤和面疙瘩。
❷ 文蛤和油菜的酱汁浇淋在面疙瘩上。点缀上海芦笋（salicome）。
❸ 文蛤上覆以苦瓜泡沫。

> 面疙瘩整合或酱汁的结合，都是使用芥花油，使油菜花的风味与隐约的苦味在盘间重现。

（→72页）

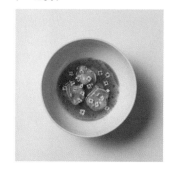

文蛤／叶山葵
文蛤与叶山葵汤汁 叶山葵油

—

目黑浩太郎
Abysse

—

[制作方法]

文蛤
❶ 文蛤以流动的水清洗，连同少量的水一起放入锅中，盖上锅盖以大火加热。
❷ 待文蛤开口后，关火。取出蛤肉，放在铺有厨房纸的方形浅盘中。

完成
❶ 文蛤盛放至盘中，倒入文蛤与叶山葵的汤汁。
❷ 滴淋上叶山葵油，点缀上香雪球（alyssum）的花。

> "仿佛是日本料理中的下酒菜般"（目黑先生）的温热汤品。让顾客可以品尝到文蛤开壳瞬间的美味。

（→74页）

孔雀蛤／酸浆果
酸浆果酱汁、罗勒油

—

目黑浩太郎
Abysse

—

[制作方法]

孔雀蛤
❶ 放少量的水至锅中煮沸，加入孔雀蛤加热至开壳。
❷ 将①的蛤肉取出。

酸浆果
酸浆果的果实切成1/4大小，放入以橄榄油加热的平底锅中香煎。

花生
带壳花生烫煮10分钟，剥去薄膜，对半分开。

完成
❶ 将孔雀蛤和酸浆果盛盘，倒入温热的酸浆果酱汁。淋上罗勒油。
❷ 将花生和向日葵嫩芽撒在①上。

> 目黑先生表示：孔雀蛤的魅力在于"多汁"。像汤品般制作完成的是"最适合品尝孔雀蛤美味的方法"。

（→76页）

（→78页）

（→80页）

浓郁
干燥栟瓜酸甜酱汁

—

高田裕介
La Cime

—

［制作方法］

❶ 将赤贝由壳中剥出清理。

❷ 将贝肉放入贝壳中，浇淋上干燥栟瓜的酸甜酱汁。

❸ 在②当中放入切成小方块的栟瓜和生姜，以半开放式明炉烤箱略加温热。

❹ 在③上浇淋迷迭香油，盛放在以岩盐辅底的容器上。

> 这道料理的主题是能直接品尝到干燥蔬菜的浓郁、黑糖的浓香，还有丰富味道的甘蔗醋的浓醇，以略带温热的状态上菜。

香气与美味
茴香风味法式高汤

—

目黑浩太郎
Abysse

—

［制作方法］

❶ 牡蛎去壳，以水洗净。

❷ 在锅中装满水，加热至80℃，烫煮①。

❸ 将②的牡蛎沥干水分，盛放在容器上。

❹ 在③上倒入茴香风味的法式高汤。

❺ 摆放上切成薄片以盐和橄榄油调味的茴香、茴香花和小茴香。撒放磨成泥的柚子皮。

> 结合了鸡高汤和牡蛎美味的汤品，具有强烈的风味。添加了柚子皮的清爽香气，让风味更加协调美味。

漆黑
安可辣椒酱汁

—

高田裕介
La Cime

—

［制作方法］

❶ 熏制牡蛎沾裹上安可辣椒（chile ancho）酱汁。

❷ 将①摆放在黑色的盘中，搭配黑色石头上摆放着1粒直接油炸的银杏。

> 安可辣椒的酱汁，本是为了搭配泥鳅料理而创作出来的。此时不搭配清爽的蔬菜高汤而是改用风味扎实的鸡高汤，更能突显风味。

（→82页）

（→84页）

（→86页）

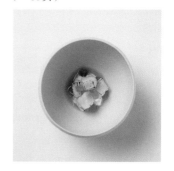

菊苣和牡蛎炖饭

酱汁·莫雷

—

荒井 升
Hommage

—

[制作方法]

牡蛎的前处理

❶ 剥 开牡蛎壳取出牡蛎。残留在牡蛎壳上的原汁也倒出备用。

❷ 昆布高汤和①的部分牡蛎原汁一起放入锅中煮沸。

❸ 将①的牡蛎放入②当中烫煮。

菊苣和牡蛎的炖饭

❶ 特雷维索菊苣切成适当大小，以红酒炖煮。

❷ 将鸡高汤和牡蛎原汁放入锅中煮沸，放入生米加热，制作炖饭。

❸ 在②的炖饭煮至七成时，加入①，用盐调味。完成前再加入前处理过的牡蛎。

完成

❶ 在盘中放置环形模，撒上覆盆子粉。取下环形模。

❷ 将环形模放置在与①的覆盆子粉的圆形部分重叠处，将菊苣和牡蛎的炖饭盛入环形模中。取下环形模。

❸ 侧边浇淋上莫雷酱汁。

> 特雷维索菊苣的苦味和牡蛎的矿物感，都用莫雷酱汁当中巧克力的浓郁来缓和。

牡蛎和白花椰菜

牡蛎和白花椰菜酱汁

—

生井祐介
Ode

—

[制作方法]

牡蛎

❶ 牡蛎去壳，以58℃的热水，烫煮。

❷ 在①上拍撒低筋面粉，用溶化奶油的平底锅香煎。

猪耳朵

❶ 事先烫煮的猪耳朵切成1cm块状，连同鲤鱼、酸豆、酸豆原汁一起翻炒。

❷ 在①当中加入雪莉醋、猪原汁溶出锅底精华。以盐调味。

油炸羽衣甘蓝和粉末

❶ 羽衣甘蓝放入蔬菜干燥机内使其干燥。

❷ 将大部分①直接油炸，制作成油炸羽衣甘蓝。

❸ 用搅拌机将剩余的①搅碎，制成羽衣甘蓝的粉末。

完成

❶ 将牡蛎盛盘，摆放猪耳朵。从上方浇淋上大量的牡蛎和菜花酱汁。

❷ 在①的上方覆盖油炸羽衣甘蓝，在整个器皿表面撒上羽衣甘蓝的粉末。

> 翻炒猪耳朵，搭配牡蛎和菜花酱汁，强调酸甜的调味就是关键。

帆立贝 / 芜菁 / 乌鱼子

白乳酪和酒粕酱汁
柚子泥

—

高田裕介
La Cime

—

[制作方法]

❶ 帆立贝切成1cm的块状，用喷枪略略烧炙。

❷ 芜菁切成1cm方块，撒上盐，与白乳酪和酒粕的酱汁混拌。

❸ 在容器上倒入柚子泥，摆放①和②，再撒放切成小方块的乌鱼子，浇淋上橄榄油。

> 酸味和美味为主旨的组合。乌鱼子具有较强的咸味，因此柚子泥能够取得美味的平衡。

（→88页）

（→90页）

油菜花 / 皱叶菠菜 干贝

鸡与干贝的法式海鲜浓汤

—

荒井 升
Hommage

—

［制作方法］

❶ 干贝放入水中浸泡一夜还原。

❷ 在平底锅中加热焦化奶油，拌炒切成适当大小的皱叶菠菜茎和油菜花。加入①和乌醋，继续拌炒。

❸ 摊开以盐水烫煮的皱叶菠菜叶，将②包覆于其中。在供餐前蒸热加温。

❹ 将③盛盘，加入鸡和干贝的法式海鲜浓汤。点缀上油菜花。

> 用皱叶菠菜包覆的干贝和油菜花，就是法式海鲜浓汤的调味。鸡与干贝的风味都能在此充分体现。

海胆 / 红椒

红椒泥、海胆美乃滋

—

生井祐介
Ode

—

［制作方法］

油炸猪皮

❶ 清洁猪皮。放入专用袋内，使其成为真空状态，蒸24小时。

❷ 在①当中会将猪皮的油脂和胶质分离，丢掉油脂仅留胶质。

❸ 将②制成长方片状，放入蔬菜干燥机内使其干燥。

❹ 直接油炸③。

完成

❶ 将红椒泥和海胆美乃滋分别装入软管瓶内，在容器中央挤出线条。

❷ 在①的上面盛放海胆和腌渍红洋葱，撒放三色堇的花和红酸模（oseille）叶。

❸ 用油炸猪皮覆盖在②上方，撒上烟熏红椒粉。

> 红椒泥和海胆美乃滋的组合，也可以直接活用作为吉拿棒的酱汁。

（→94页）

鱲鱼
鲷鱼和油菜花汤汁

—

目黑浩太郎
Abysse

—

[制作方法]

❶ 鱲鱼分切成3片，再切成一人份的大小。撒上盐。

❷ 以70℃、湿度100%的蒸汽旋风烤箱，将①蒸7~8分钟。

❸ 将②盛盘，加入油渍香草和柠檬汁，倒入鲷鱼和油菜花的汤汁。

❹ 撒放羽衣甘蓝的粉末，以红酢浆草、高山薯、红叶芥末、油菜花装饰。

是能品尝鱲鱼皮下美味胶质的一道料理。将油菜花换成羽衣甘蓝，汤汁中添加上松露，就能变身成更为丰盛的一道料理了。

（→96页）

银鱼温沙拉
黑橄榄、糖渍柠檬、干燥番茄、鳀鱼

—

目黑浩太郎
Abysse

—

[制作方法]

❶ 皱叶甘蓝切成细丝，以奶油拌炒。用盐调味。

❷ 预热备用的盘子上，圆形盛放与黑橄榄酱汁混拌好的银鱼。

❸ 摆放切碎的糖渍柠檬、干燥番茄、鳀鱼，再撒上香芥叶。摆放①覆盖全体。

容易失去鲜度的银鱼，目黑先生表示"正因如此才更是Abysse想要挑战的食材"，也可以浇淋上蜂斗菜的清汤，作为汤品。

（→98页）

银鱼／番茄和甜菜
番茄和甜菜清汤及高汤冻

—

生井祐介
Ode

—

[制作方法]

大叶玉簪嫩芽

大叶玉簪嫩芽的白色部分切成细丝，浸泡在水中。

腌梅泥

❶ 腌梅去籽，以网筛过滤果肉。

❷ 在①当中混拌黄芥末、孜然粉、橄榄油、蜂蜜。

完成

❶ 新鲜的银鱼以红芋醋轻轻混拌，盛放在容器上，铺放番茄甜菜高汤冻和腌梅泥。

❷ 在①上覆盖大叶玉簪嫩芽，撒上花穗。

❸ 另附温热的番茄甜菜清高汤，至客人面前再浇淋在②上。

以银鱼冰冷、汤汁温热的状态上桌。利用汤汁的热度使银鱼略为受热，伴随着各种稠度的高汤冻和浓酱一起享用。

樱鳟
白芦笋
白芦笋的芭芭露亚

—

生井祐介
Ode

[制作方法]

腌渍鲑鱼

❶ 樱鳟分切成3片。在鱼肉上撒放白糖腌渍20~30分钟备用。

❷ 待①的水分渗出后，再充分涂抹食盐（樱鳟重量的1.2% ~ 1.4%）。约放置2小时后冲洗干净，剥去鱼皮。

❸ 将②连同杏仁油一起放入专用袋内，使其成为真空状态。浸泡于38℃的热水中，加热25~30分钟。

❹ 若将③放入冷冻，在使用前自然解冻即可。

完成

❶ 腌渍鳟鱼切成适当大小盛盘。佐以皂成椭圆形的鱼子酱。

❷ 用虹吸气瓶将白芦笋芭芭露亚挤在①的周围几处。

❸ 装饰上琉璃苣的花。

> 冷冻腌渍的樱鳟，是为了预防因海兽胃线虫造成的食物中毒。根据日本厚生劳动省的建议，最推荐放置于−20℃、冷冻24小时。

樱鳟／山茼蒿／枇杷
山茼蒿泥、糖煮枇杷

—

金山康弘
Hyatt Regency Hakone
Resort and Spa "Berce"

[制作方法]

樱鳟的瞬间熏制

❶ 先将樱鳟分切成3片。撒上盐和少量的糖，冷冻。

❷ 将①自然解冻后，剥去鱼皮，切成1cm厚的鱼片。

❸ 在供餐前，以樱木片瞬间烟熏。

小芜菁

以平底锅将小芜菁烘烧至出现焦色。

完成

❶ 在盘中盛放熏制好的樱鳟，佐以山茼蒿泥和糖煮枇杷。

❷ 附上小洋葱和醋渍红洋葱，撒上马郁兰叶，浇淋橄榄油（Taggiasca品种）。

> 在这道料理当中，酱汁与搭配食材的界线几乎是消失了。枇杷、带叶小芜菁、醋渍红洋葱与樱鳟，都是口感各不相同的食材，结合了山茼蒿泥发挥其融合的效果。

烟熏鱼
烟熏奶油

—

目黑浩太郎
Abysse

[制作方法]

腌渍鳟鱼

❶ 先将樱鳟分切成3片，撒上岩盐、细砂糖、芫荽、大茴香、月桂叶、海藻糖。在冷藏室放置半天到1天，腌渍。

❷ 将①用水洗净，沥干水分。放入专用袋内使其成为真空状态，放入冷冻。

❸ 将②自然解冻，切成片状。

鱼卵

❶ 在2L 40~50℃的温热水中，溶入15g的盐，将鱼卵巢放入当中将鱼卵散开。

❷ 在鲣鱼高汤中加入酒、味啉、酱油、盐混合煮沸，放凉。在此时放入①浸泡一夜。

四方竹

用水煮四方竹。切成适当大小。

完成

❶ 在容器上盛放腌渍鳟鱼，摆放上大量鱼卵。倒入烟熏奶油。

❷ 撒上四方竹与芽葱，滴淋虾夷葱油。

> 搭配的四方竹是一种小型的竹笋，柔软的嚼感是其特征。

（→106 页）

鲳鱼／韭葱／金橘
白波特酒酱汁
—
金山康弘
Hyatt Regency Hakone
Resort and Spa "Berce"
—

[制作方法]

鲳鱼
❶ 鲳鱼分切成3片，成为略大的片状。
❷ 在①上撒盐，鱼皮朝下放在平底锅内。不时地按压使鱼皮煎出香气，鱼肉膨胀柔软。
❸ 当②完成后，切出1人份。

韭葱
韭葱切成1.5cm的块状，以大火加热平底锅将其香煎至仍留有口感的程度。以盐调味。

完成
❶ 鲳鱼切面朝上盛盘。
❷ 在①的侧边盛放韭葱、切成细丝的金橘皮、琉璃苣花、金莲花。撒放磨削的干燥酸豆。
❸ 倒入白波特酒的酱汁。

> 金山先生表示"有时过度美味的酱汁，反而会使料理失衡"。为避免中和掉本身已经具有相当优质风味的鲳鱼，这次搭配的是极简的酱汁。

（→108 页）

烤鲳鱼
番红花风味鲳鱼原汁
—
荒井 升
Hommage
—

[制作方法]

鲳鱼
❶ 鲳鱼分切成3片，片出鱼肉。浸泡在柚庵地酱汁*中15分钟。
❷ 擦干①的水分，鱼皮朝上放入半开放式明炉烤箱烘烤。过程中翻面烘烤至鱼肉松软膨胀起来。完成烘烤后剥去鱼皮。
❸ 在②上涂抹莳萝油*。

*柚庵地酱汁
酱油、酒、昆布水以1：1：1的比例混合的酱汁。
*莳萝油
切碎的莳萝浸泡在米糠油中制作而成。

搭配
❶ 切细丝的马铃薯整合成球状，直接油炸。用敲碎的紫马铃薯的脆片沾裹。
❷ 烫煮蚕豆。搭配切碎的红葱头，以油醋酱混拌。

完成
❶ 将搭配的蚕豆铺垫在盘子上，再摆放鲳鱼。
❷ 炸马铃薯叠放在鲳鱼上，点缀挖成圆形的孔泰芝士和高山蓍。
❸ 在②的旁边倒入番红花风味的鲳鱼原汁。

> 混合了味道丰富的鲳鱼本身的原汁，是一道香气扑面而来的料理。孔泰芝士、蚕豆、马铃薯等味道浓郁的搭配，让整体有丰厚的呈现。

（→110 页）

苦味
可可风味红酒酱汁
—
目黑浩太郎
Abysse
—

[制作方法]

星鳗
❶ 将星鳗以60~70℃的热水余烫，以菜刀刮除其黏滑部分。切去头部，取出内脏，片切成3片。
❷ 在①的星鳗烘烤前撒上盐。浇淋上橄榄油，放在烤架上烘烤。

块根芹
❶ 块根芹去皮，切成2mm的厚度。
❷ 加热倒入橄榄油的平底锅，放入①，香煎至呈色为止。

可可瓦片
❶ 混拌可可粉、麦芽糖、细砂糖。
❷ 将①倒入铺有烤盘纸的烤盘上，薄薄地延展开。用150℃的烤箱烘烤5分钟。

完成
❶ 将星鳗盛盘，浇淋上可可风味的红酒酱汁。
❷ 在①上方摆放块根芹，再覆盖上可可瓦片。

> 以传统的"红酒炖煮鳗鱼"为基础，为了摸索增加"烤鱼香气"的方法，故将烤星鳗和红酒酱汁分别完成。

（→112页）

（→114页）

（→116页）

菊芋蒸蛋
烟熏鳗鱼
发酵菊芋和松露酱汁

—

荒井 升
Hommage

—

［制作方法］

菊芋蒸蛋
❶ 用水煮菊芋皮。以网筛过滤。
❷ 将打散的全蛋和盐混合加入①当中，倒入供餐用容器。放入90℃的蒸锅中蒸10分钟。

完成
❶ 用平底锅将熏制鳗鱼烘烤至焦黄，切成一口大小。
❷ 在菊芋蒸蛋的容器中，倒入发酵菊芋和松露的酱汁。摆放上①，撒上油菜花。

> 鳗鱼的熏制，是将一夜干的鳗鱼用樱木屑冷熏制成的。香气与油脂成分与菊芋发酵的酸味搭配得恰到好处。

苦香
烤茄子冷制粉末
浓缩咖啡油

—

目黑浩太郎
Abysse

—

［制作方法］

鲣鱼
将鲣鱼的鱼肉切成条状，去皮。仅烘烤鱼皮那一面，切成1cm左右的厚度。

柳橙粉
橙皮烫煮过3次之后，放入蔬菜干燥机内使其干燥，再以料理机搅打制成。

完成
❶ 将鲣鱼盛盘，撒上盐之花(fleur de sel)。滴淋上浓缩咖啡油，撒上大量的烤茄子冷制粉末。
❷ 撒放柳橙粉和红酢浆草。

> 稻烧鲣鱼是将表面烧炙后再以冰水紧实鱼肉的作法，但目黑先生认为"总觉得水水的"。因此，在盛盘时，利用冷制粉末来冷却，重现了稻烧鲣鱼的温度和口感。

鲭鱼与熟成牛脂
鲭鱼和乳清酱汁

—

高田裕介
La Cime

—

［制作方法］

❶ 鲭鱼分切成3片，撒上盐。带皮面朝下在平底锅内烘煎。受热至六成左右即取出。
❷ 将①切成1cm的厚度，直接在火上烧炙出色泽。去皮。
❸ 取②的3片鱼肉盛盘，搭配带皮切成薄片的青苹果。
❹ 在③的鲭鱼上浇淋鲭鱼和乳清的酱汁。

> 搭配熟成牛脂风味是酱汁的重点，鲭鱼直火烧炙散发香气的同时，也可滴落油脂。

（→118页）

红金眼鲷
青豆、金针菇、樱花虾酱汁

—

目黑浩太郎
Abysse

—

[制作方法]

红金眼鲷

❶ 红金眼鲷分切成3片，撒上盐。静置于冷藏室半天除去水分。

❷ 在加热米糠油的平底锅内将①的鱼皮朝下放置，煎烤至出现金黄色泽。

❸ 放入300℃的烤箱中，将②加热2分半钟。

完成

❶ 将红金眼鲷切成一人享用的大小，切面撒上盐。

❷ 将①的切面朝上盛盘，搭配青豆、金针菇和樱花虾的酱汁。

❸ 附上豌豆。

> 目黑先生表示"红金眼鲷有着似虾子的香气"，以香气近似者的结合为出发点，酱汁中采用了樱花虾。

（→120页）

甜栗
和栗泥

—

目黑浩太郎
Abysse

—

[制作方法]

马头鱼

❶ 马头鱼分切成3片。再片切成1人份的大小，撒上盐。烘烤时为使鱼鳞容易立起，用水浸湿表皮，在鱼鳞间涂抹上橄榄油。

❷ 在加热橄榄油的平底锅内，将①的鱼片以鱼鳞朝下的方向放入。待鱼鳞立起后，移入300℃的烤箱中，烤至整体松软膨起。

原木香菇

原木香菇以斜刀片切后，用橄榄油香煎。以盐调味。

完成

❶ 马头鱼鳞朝下盛放在盘中。上方摆放原木香菇。

❷ 将栗子泥装入挤花袋中，在①的上方像制作糕点蒙布朗挤出花纹。

❸ 在②上撒放日本产香菇粉末*。

*日本产香菇粉末
将20种香菇干燥后制成的粉末。

> 这是从以蛋白霜为基底制作出的糕点——蒙布朗当中得到的启发，硬脆的马头鱼鳞在盛盘时变成最底层。

（→122页）

马头鱼的松笠烧
鱼白子汤、黄色芜菁泥

—

荒井 升
Hommage

—

[制作方法]

马头鱼的松笠烧

❶ 马头鱼分切成3片。抹上盐使鱼鳞立起。

❷ 擦干①的水分，切成1人份大小的鱼片状。

❸ 在平底锅中，倒入约1cm深的米糠油加热。将②的马头鱼鳞片朝下放入锅中。煎炸使鱼鳞立起。

❹ 在完成煎炸前倒掉油脂。将马头鱼翻面再煎，鱼肉内部分极短时间即可完成煎炸。

完成

❶ 黄色芜菁泥中加入切碎的松露混拌。

❷ 在汤盘中倒入橄榄油，盛放①。倒入鱼白子汤，盛放马头鱼的松笠烧。

❸ 在②上撒放黄柠檬的表皮。

> 鱼白子汤当中漂浮着黄金色的马头鱼，是令人印象深刻的一道料理。因为黄色芜菁泥作为底座，所以不能太过柔软，就是制作的要领。

（→124页）

（→126页）

（→128页）

七星斑 / 香菇
干香菇和焦化奶油酱汁

—

生井祐介
Ode

—

[制作方法]

七星斑

❶ 七星斑分切成3片，再切成鱼片。

❷ 在①上撒盐，表皮朝下放进倒入橄榄油的平底锅中，香煎。

❸ 将②切成方便食用的大小。

法式香菇碎

❶ 香菇切碎，在融化了奶油和猪油的平底锅中拌炒。用盐调味。

❷ 用烫煮过的菠菜包覆①，卷成棒状。

帆立贝的脆片

❶ 帆立贝冷冻后切成极薄的薄片。

❷ 涂抹上冷榨白芝麻油，撒上盐，放入蔬菜干燥机内使其干燥。

完成

❶ 在容器中央处倒入干燥香菇和焦化奶油的酱汁。

❷ 在①的周围摆放七星斑。佐以菠菜香菇卷和烫煮过对半切开的香菇。

❸ 在香菇的旁边，少量地放置第戎黄芥末酱和菠菜泥的混合酱。

❹ 摆放上②的帆立贝脆片，用金莲花点缀。

> 各种香菇烹调的组合，是充满美妙风味的一道料理。帆立贝能增添与香菇不同的美味，让料理更具深度。

石斑鱼 / 蛤蜊
大豆
鱼干酱汁

—

高田裕介
La Cime

—

[制作方法]

❶ 红石斑鱼处理后取出鱼颊肉。用盐略为腌渍，以昆布高汤烫煮。

❷ 在锅中放少量的水和酒煮至沸腾，放入完成吐砂的蛤蜊，煮至开口。切下吐出的外套膜（伸出外侧的部分）。

❸ 将①盛盘，浇淋上鱼干的酱汁。撒上②蛤蜊的外套膜和煮大豆。

> 煮大豆是在制作鱼干酱汁时熬煮的大豆，放入料理机搅打前取出少许备用。在浓稠的酱汁中，大豆和蛤蜊的口感十分提味。

比目鱼 / 蜂斗菜
蜂斗菜和洛克福芝士浓酱

—

目黑浩太郎
Abysse

—

[制作方法]

❶ 比目鱼分切成3片。撒上盐放入冷藏室静置2小时。

❷ 将①的鱼皮剥除，切成1人份的大小。

❸ 在平底锅中加热奶油，②的鱼皮面朝下放入锅中。用小火香煎。完成前翻面。

❹ 将③的比目鱼盛盘。旁边佐以整形成椭圆形的蜂斗菜和洛克福芝士浓酱。

> 比目鱼彻底地香煎，可以让表皮的胶质更加散发香气。搭配食材排放在侧面，使调味料般的酱汁更有存在感。

（→130页）

（→132页）

（→134页）

鱼白子炖饭
自制发酵奶油

—

生井祐介
Ode

—

[制作方法]

白子炖饭

❶ 在锅中加热鱼高汤，溶化奶油。放入米，炊煮炖饭。在完成前加入地瓜泥，以盐调味。

❷ 鳕鱼白子预先烫煮。沥干水分，用半开放式明炉烤箱加热表面。

❸ 在①当中放入②，轻轻混拌使其融合。

完成

❶ 在容器中盛放白子炖饭。切成细条状的松露和黑大蒜插在炖饭上。

❷ 倒入温热的自制发酵奶油。

> 白子放入半开放式明炉烤箱时，要使其表面彻底凝固，中央仍浓稠。加入炖饭时也不要过度混拌。

鱼白子
鱼白子薄膜

—

高田裕介
La Cime

—

[制作方法]

❶ 用热盐水氽烫白子。沥干水分。

❷ 将①盛盘，覆盖上白子的薄膜。

> 以白色为基调，构成极简料理。容器不使用白色，而是带有图样或是图纹会更适合。

亚鲁加鱼子酱／百合根
柠檬风味沙巴雍酱汁

—

金山康弘
Hyatt Regency Hakone
Resort and Spa "Berce"

—

[制作方法]

❶ 亚鲁加鱼子酱（Avruga）呈椭圆形取出，摆盘。旁边用虹吸瓶挤出柠檬风味的沙巴雍酱汁。

❷ 在①的沙巴雍酱汁上撒放盐水氽烫的百合根，以龙蒿装饰。

❸ 滴淋上橄榄油（Correggiola品种）。

> 完成时的橄榄油，使用的是没有特殊气味的风味柔和的Correggiola品种。

（→138页）

村越花斑鸡胶冻
辣根风味

辣根的酱汁

—

荒井 升
Hommage

—

[制作方法]

❶ 鸡（村越花斑鸡）胸浸泡在柚子醋酱油中，腌渍1小时。

❷ 以热水汆烫①的鸡胸肉。

❸ 待②略降温后，放在网架上，浇淋辣根酱汁，稍待凝固后再重复浇淋，约重复3次。放入冷藏室冷却凝固。

❹ 毛蟹肉、鱼子酱、切碎的红葱头，用美乃滋(自制)混拌，撒上艾斯佩雷产辣椒粉。

❺ 将③盛盘，摆放④，以迷你小芜菁叶、红酢浆草装饰。

> 酱汁凝固时容易产生龟裂，所以才要在鸡胸肉上重复几次刷涂。

（→140页）

川俣斗鸡 / 胡萝卜

川俣斗鸡和胡萝卜酱汁
牛肝菌的泡沫

—

生井祐介
Ode

—

[制作方法]

无骨肉卷（ ballottine ）

❶ 鸡（川俣斗鸡）的腿绞肉、绞肉重量1.2％的盐、胡椒、蛋白一起混拌。加入切碎的猪耳朵*再继续混拌。

❷ 鸡（川俣斗鸡）胸肉一片切开，包覆①。用猪脂网包覆，卷成直径10cm的圆筒状。以保鲜膜包覆并以线绑紧。

❸ 将②放入56℃的低温慢煮机当中加热30~40分钟。

❹ 在平底锅中融化猪油，将③的表面煎成黄金色泽。

*猪耳朵
猪耳朵先盐渍（saumure）1天，用第二次的鸡高汤烫煮后，冷藏冷却紧实。

搭配

❶ 制作胡萝卜泥。胡萝卜切成薄片，用第二次的鸡高汤烫煮。用盐调味。

❷ 以料理机搅打成泥状。

❸ 制作香煎胡萝卜。迷你胡萝卜以猪油香煎。

❹ 制作胡萝卜薄片。胡萝卜切成薄片后，汆烫，用油醋酱混拌。

完成

❶ 将切成1.5cm厚的无骨肉卷盛盘。

❷ 搭配胡萝卜泥、香煎和薄片。

❸ 倒入川俣斗鸡和胡萝卜的酱汁，在无骨肉卷上摆放牛肝菌泡沫。

> 以川俣斗鸡的高汤为媒介，同时能品尝到浓缩的胡萝卜精华是这道料理的主题。搭配的是各种调理法制作的胡萝卜。

（→142页）

烤村越花斑鸡

西蓝花泥和
西蓝花藜麦

—

荒井 升
Hommage

—

[制作方法]

烤村越花斑鸡

❶ 鸡(村越花斑鸡)胸肉修整成长方形，撒盐。放入袋内，以60℃的低温慢煮机加热1小时。

❷ 在平底锅内放入较多的米糠油，将鸡皮朝下放入锅中煎烤。

搭配

❶ 烫煮藜麦后使其干燥。以180℃的米糠油油炸后，撒上盐。

❷ 烫煮藜麦后，混拌橄榄油和柠檬汁。撒上盐。

完成

❶ 烤鸡（村越花斑鸡）切成1人份大小，盛盘。摆放红酢浆草的叶子。

❷ 倒入西蓝花泥，用红酢浆草花装饰。

❸ 西蓝花藜麦以椭圆形盛放，用红酢浆草花装饰。

❹ 分别盛放搭配两种藜麦。

> 鸡胸放在油脂中半煎炸，特别是鸡皮的部分会呈现出喷香美味的口感。

（→144页）

（→146页）

（→148页）

烧烤鸡胸
玫瑰奶油
鸡肉原汁

—

高田裕介
La Cime

—

[制作方法]

❶ 鸡胸肉用盐、百里香、月桂叶、柠檬汁腌渍。

❷ 将①放入80℃、湿度100％的蒸汽旋风烤箱中加热，之后切成细长条。

❸ 待②冷却后，刷涂鸡原汁（jus de poulet）放入半开放式明炉烤箱风干，约重复3次。

❹ 将③盛盘，散放可可碎粒。

❺ 将玫瑰奶油盛装在另外的容器，覆以玫瑰花。搭配④上桌。

> 玫瑰奶油需要因热度而融化，所以鸡胸肉要以热腾腾的状态供餐。充分加热餐盘也是重点。

鹌鹑 / 羊肚菌
绿芦笋
鹌鹑原汁

—

金山康弘
Hyatt Regency Hakone
Resort and Spa "Berce"

—

[制作方法]

鹌鹑的烘烤

❶ 鹌鹑处理成带骨绑缚状。撒上盐，以平底锅用大火封住美味。放入230℃的烤箱，翻面烘烤。

❷ 将①取出，切出胸肉。

羊肚菌

清洁羊肚菌，切成适当大小，用平底锅拌炒呈色。

绿芦笋

在加热橄榄油的平底锅中拌炒绿芦笋。

完成

❶ 在盘中盛放烤鹌鹑，倒入鹌鹑原汁。

❷ 搭配羊肚菌和绿芦笋，用红色生菜叶装饰。

> 预告春天到来的羊肚菌和绿芦笋，搭配鹌鹑原汁是简单又出色的组合。

烤布雷斯鸽子
鸽腿肉炸饼
中华粥和鸽内脏酱汁

—

荒井升
Hommage

—

[制作方法]

烤布雷斯鸽子

❶ 鸽子（布雷斯产）处理成带骨绑缚状，以65℃的低温慢煮机加热25分钟。

❷ 在平底锅中放入约1cm深的米糠油，加热。将①的鸽皮朝下放入，半煎炸表面。

❸ 将②放至温热处，利用余温使其受热。将胸肉切成细条状。

鸽腿肉炸饼

❶ 鸽子的腿肉切成小方块，以焦化奶油拌炒。

❷ 奶油中拌入大蒜泥和切碎的平叶巴西利，制成大蒜奶油。

❸ 混合①和②，填入半球形的模型中，放入冷藏室使其冷却凝固。将两个半圆叠合成球形。

❹ 依序在③上沾裹低筋面粉、打散的全蛋、面包粉，放入160℃的米糠油中油炸。

完成

❶ 中华粥倒入盘中呈圆形，鸽内脏酱汁在前方以小圆形状倒入盘中。

❷ 在①上摆放布雷斯产的烤鸽胸肉和胸肉丝，撒上盐之花。搭配鸽腿肉炸饼。

❸ 用油醋酱混拌繁缕和西洋菜的嫩芽作为装饰。

> 中华粥使用较多，内脏酱汁使用较少，两者的搭配正可以看出完美的平衡。

（→150 页）

甘蓝叶
包覆山鹌鹑和螯虾

螯虾原汁沙巴雍酱汁

—

荒井 升
Hommage

—

[制作方法]

❶ 山鹌鹑的胸肉切成片。以加热
米糠油的平底锅香煎两面。撒
上盐。

❷ 香煎螯虾，去壳。撒上盐。

❸ 皱叶甘蓝切细丝，以盐水烫煮。
平底锅加热奶油，拌炒至出水
变软，加水后继续炖煮。用盐
和胡椒调味。

完成

❶ 烫煮皱叶甘蓝，切成直径10cm
的圆形。

❷ 将①放置在盘中央，单侧盛放
拌炒至出水的甘蓝。其上摆放
切成长条形的山鹌鹑与对半切
开的螯虾。皱叶甘蓝对折覆盖
成半圆形。

❸ 在②的旁边以虹吸瓶挤出螯虾
原汁的沙巴雍酱汁，撒上艾斯
佩雷产辣椒粉。

> 山鹌鹑和螯虾，是山珍海味
> 的组合。为了方便享用且品
> 尝出螯虾口感，将山鹌鹑切
> 成薄长条。

（→152 页）

烤鹬鸪
花豆的白汁炖肉
鲍鱼肝酱汁

—

荒井 升
Hommage

—

[制作方法]

烤鹬鸪

❶ 鹬鸪胸肉处理成带骨绑缚状，
撒上盐。用平底锅大火封住肉
汁之后，放入烤箱翻面烘烤。

❷ 从①将胸肉切出，分切成1人
份的大小。

蒸鲍鱼

❶ 剥除鲍鱼壳，清洁鲍鱼肉。

❷ 在压力锅中放入①、昆布水、
生火腿、鲍鱼的蒸煮汤汁*，
加热30分钟。直接放置冷却。

❸ 将②分切成1人份的大小。

*鲍鱼的蒸煮汤汁
将之前蒸鲍鱼时的蒸煮汤汁冷藏
保存使用。

鲍鱼肝德式面疙瘩
(Leberspatzle)

❶ 鲍鱼肝、高筋面粉、全蛋和水
混合搅拌。填入挤花袋内。

❷ 在平底锅中加热米糠油，油炸
①挤下来的材料。撒上盐。

完成

❶ 在盘中并排盛放烤鹬鸪和蒸鲍鱼。

❷ 倒入花豆的白汁炖肉和鲍鱼肝
的酱汁，撒放茴香花和叶。撒
放鲍鱼肝的粉末。

> 蒸鲍鱼时使用昆布水和生火
> 腿能增加多重的美味，制作
> 出能与鹬鸪平衡的风味。

（→154 页）

绿头鸭／橄榄／银杏

绿头鸭原汁

—

金山康弘
Hyatt Regency Hakone
Resort and Spa "Berce"

—

[制作方法]

绿头鸭

❶ 切出绿头鸭的鸭胸肉。

❷ 在平底锅中融化奶油，将①的
鸭皮朝下放入锅中。避免干燥，
边用奶油浇淋鸭胸肉边香煎。

❸ 待②煎烤完成取出后，沥干油
脂，两面撒上盐、胡椒静置。

❹ 分切出1人份的大小。

银杏

剥去银杏的壳，以盐水烫煮。
剥除薄皮。

完成

❶ 在盘中盛放绿头鸭，倒入绿头
鸭原汁。

❷ 搭配盐渍绿橄榄(mission种)和银
杏，撒放以榛果油混拌的芽菜。

❸ 滴淋橄榄油(Taggiasca品种)。

> 绿头鸭具有特别浓郁的风
> 味，与橄榄的咸度和榛果油
> 的浓郁，碰撞出绝妙的平衡
> 美味。

（→156页）

（→158页）

（→160页）

肥肝
蜂斗菜
冰冻蜂斗菜

—

生井祐介
Ode

—

[制作方法]

香煎肥肝

❶ 肥肝切成1cm厚，撒上低筋面粉。撒上盐。

❷ 将①放入平底锅内香煎。

洋葱瓦片

❶ 以清高汤炖煮焦糖化洋葱。

❷ 将①过滤，融化蔬菜明胶。

❸ 将②倒入叶片模型中，以80℃烤箱加热约1小时，成为糖饴状的固体。

完成

❶ 切开的树干平面上摆放香煎肥肝和舀成椭圆形的冰冻蜂斗菜。

❷ 在香煎肥肝上摆放几片洋葱瓦片。

> 肥肝是现今的佳肴，但曾经一度不太被餐厅所使用。肥肝的甜美对应上蜂斗菜的微苦，是最好的搭配。

兔肉 / 胡萝卜 / 大茴香
兔原汁

—

金山康弘
Hyatt Regency Hakone
Resort and Spa "Berce"

—

[制作方法]

派饼包覆油封兔肉

❶ 将兔肉的背肉和肩肉撒上盐、胡椒、砂糖、百里香一起腌渍。以80℃的橄榄油制作油封兔肉。再切成1cm的块状。

❷ 兔肉的心脏和肝脏，与①同样地腌渍后油封。切成1cm的块状。

❸ 肥肝切成1cm的块状，以平底锅拌炒。

❹ 混合①、②、③，整形成为椭圆形，放入冷藏室紧实材料。

❺ 用派饼皮包覆④，表面刷涂蛋液。放入230℃的烤箱烘烤约13分钟。

胡萝卜泥

❶ 在锅中放入切成扇形的胡萝卜和奶油，加入足以淹盖食材的水分。盖上锅盖以中火炖煮。

❷ 当①的水分蒸发，奶油分离时，加水再次煮至沸腾。

❸ 将②放入料理机内搅拌成泥状。

完成

❶ 在盘中盛放兔肉派饼，倒入兔原汁。

❷ 佐以舀成椭圆形的胡萝卜泥，撒放大茴香籽、野茴香茎装饰。

> 派饼包覆的兔肉，先以油封处理防止受热不均，也更方便供餐制作的进行。

烤羔羊
Southdown 品种
羔羊菲力
乌鱼子和甘蓝奶油酱汁

—

荒井 升
Hommage

—

[制作方法]

❶ 羔羊(北海道产的Southdown品种)菲力，以盐腌后放入烤箱烘烤。

❷ 将①分切成约1cm的厚度。

❸ 在容器内倒入乌鱼子和甘蓝的奶油酱汁。摆放②，并以球芽甘蓝、乌鱼子薄片、迷你芜菁薄片、金莲花来装饰。在球芽甘蓝上浇淋上酱汁。

> 荒井先生购买了一头稀少的北海道产羔羊使用。边角肉制成绞肉，骨头熬成羔羊原汁，完全不浪费食材。

（→162页）

"俄罗斯酸奶牛肉"
炸蔬菜的红酒酱汁

—

高田裕介
La Cime

—

[制作方法]

❶ 薄切牛里脊肉，连同温热的香菇还原煮汁一起炖煮。

❷ 将①沾裹上炸蔬菜的红酒酱汁后，盛盘。

❸ 用薄切萝卜片粘贴在②上。

> 本来牛肉是用高汤炖煮的"俄罗斯酸奶牛肉Stroganoff"，改以红酒风味的酱汁和炖煮牛肉重现。炸蔬菜中释放出的浓郁甘甜美味，更提升风味。

（→164页）

碳烤虾夷鹿
鸡油菌和盐渍鲔鱼泥

—

高田裕介
La Cime

—

[制作方法]

❶ 虾夷鹿里脊肉用碳火烧烤。切成方便享用的厚度。

❷ 将直径10cm的环形模摆放在盘中，盛放①，撒上盐。佐以舀成椭圆形的鸡油菌和盐渍鲔鱼泥。

❸ 在②撒放略炒过的椎栗的果实和松子，再撒上磨削下的盐渍鲔鱼。取下环形模。

> 制作此菜时想象鸡油菌生长的森林，并以此为意象完成制作。

（→166页）

鹿／牛蒡
鹿和牛蒡原汁

—

生井祐介
Ode

—

[制作方法]

烤虾夷鹿

> 虾夷鹿的里脊肉包卷虾夷鹿脂，用300℃的烤箱加热。翻面并烘烤至呈玫瑰色。

虾夷鹿的香肠

❶ 虾夷鹿的边角碎肉制成绞肉。与虾夷鹿的油脂、盐、胡椒、鹿与牛蒡的原汁一起熬煮。

❷ 将①整形成拇指大的形状，用猪脂网包卷，放至平底锅中煎烤表面。

❸ 将②放入300℃的烤箱中，加热至中间熟透。完成烘烤前插入月桂叶枝（需注意避免枝干烧焦）。

黑牛蒡

❶ 混合巴萨米可醋和美乃滋（自制）。

❷ 在黑牛蒡*上刷涂①，贴上红酢浆草的叶子。

*黑牛蒡
与黑大蒜同样的方法，在高温高压下，使其熟成的牛蒡。特征是具有强烈甜味和美味。

完成

❶ 烤虾夷鹿切成方便享用的大小，盛盘。撒上盐。

❷ 搭配添加牛肝菌的马铃薯泥，并摆放虾夷鹿的香肠。

❸ 倒入鹿与牛蒡原汁，佐以黑牛蒡。

> 虾夷鹿的肉质纤细，很容易烹煮过度。所以在清理鹿肉时，用油脂包卷鹿肉加以保护，再仔细地加热。

（→168 页）

虾夷鹿 / 西洋梨 / 长茎芥蓝
甜菜原汁
—

金山康弘
Hyatt Regency Hakone
Resort and Spa "Berce"
—

[制作方法]

烤虾夷鹿

❶ 清理虾夷鹿带骨的里脊肉，用平底锅煎出烤色。

❷ 在清理①时，清出的油脂铺放在烤盘上，摆放①，放入230℃的烤箱，翻面烤至呈玫瑰色。

❸ 在②的表面，以平底锅煎烤，切分出一只带骨的鹿肉里脊。

西洋梨

西洋梨切成半月形，撒上橄榄油。

长茎芥蓝

长茎芥蓝放入平底锅香煎，撒上盐。

完成

❶ 将烤虾夷鹿盛盘，撒上盐。倒入甜菜原汁。

❷ 搭配西洋梨和长茎芥蓝。西洋梨佐以红酒醋混合黄芥末籽酱，撒上磨削的东加豆。

> 略为烘烤带血且颜色鲜艳的虾夷鹿，用红酒醋、黄芥末、东加豆等各式各样的香气来烘托其简约的风味。

荒井 升
Hommage

鸡高汤

—

[材料]

全鸡（村越花斑鸡）…3kg
昆布水…6L

*昆布水
浸泡昆布一夜的水

[制作方法]

❶ 容器中放入全鸡(村越花斑鸡)
和昆布水，盖上盖子放入85℃
的蒸汽旋风烤箱加热8小时。
直接放至冷却。

❷ 过滤①，移至锅中，加热。边
捞除浮渣边熬煮浓缩至成为
2/3量。

> 荒井先生的基本高汤，不只
> 是鸡骨架而是使用整只全
> 鸡，呈现丰富的风味。

鸡基本高汤
（ fond de volaille ）

—

[材料]

鸡骨架(村越花斑鸡)…3kg
水…6L
胡萝卜…1根
洋葱…1颗
西洋芹…3枝
番茄碎…80g
月桂叶…1片
百里香(干燥)…2枝
白胡椒粒…适量

[制作方法]

❶ 容器中放入鸡骨架(村越花斑
鸡)和水。放入切成大块的胡
萝卜、洋葱、西洋芹、番茄碎、
月桂叶、百里香(干燥)、白胡
椒粒。盖上盖子放入85℃的蒸
汽旋风烤箱加热8小时。直接
放至冷却。

❷ 次日，过滤①移至锅中，加热。
熬煮液体浓缩为1L为止。

> 熬煮浓缩至透明状之前的鸡
> 骨架高汤，用于想要呈现小
> 牛基本高汤般浓郁的时候。

螯虾原汁
（ jus de langoustine）

—

[材料]

螯虾壳…1kg
胡萝卜…200g
洋葱…100g
西洋芹…100g
百里香(新鲜)…2枝
大蒜…1片
干邑白兰地、白酒…各适量
水…2L
番茄碎…50g
米糠油…适量

[制作方法]

❶ 在直筒圆锅中加热米糠油，拌
炒切成适当大小的螯虾壳。加
入切成薄片的胡萝卜、洋葱、
西洋芹、百里香、大蒜，拌炒。

❷ 在①当中加入干邑白兰地挥发
酒精，加入白酒。倒入水煮至
沸腾。

❸ 在②当中加入番茄碎，熬煮30
分钟。过滤熬煮浓缩至浓稠状。

> 用新鲜的螯虾制作的甲壳类
> 高汤。也可以用龙虾壳制作。

金山康弘
Hyatt Regency Hakone Resort and Spa "Berce"

鸽原汁
（ jus de pigeon ）

—

[材料]

鸽骨架…500g
红葱头…60g
大蒜…1片
基本鸡高汤…750mL
水…750mL
月桂叶…1片
米糠油…适量

[制作方法]

❶ 鸽骨架用菜刀敲破切开，以加热米糠油的平底锅拌炒。
❷ 在①中加入切成薄片的红葱头和大蒜，拌炒。加入基本鸡高汤和水。待沸腾后加入月桂叶，再煮30分钟。
❸ 过滤②至锅中，熬煮浓缩至味道释放出来。

⌐ 搭配鸽料理的原汁。也可以用鸭或鹿来制作。 ⌐

螯虾高汤
（ fumet de langoustine ）

—

[材料]

螯虾脚…400g
白酒…100mL
水…600mL

[制作方法]

❶ 螯虾脚切成适当的大小，放入170℃的烤箱烘烤20分钟。
❷ 将①、白酒、水放入锅中，熬30分钟左右。过滤。

⌐ 使用的是神奈川县产、静冈县产的新鲜螯虾制作的甲壳类高汤，也可运用在龙虾料理上。 ⌐

蔬菜高汤
（ bouillon de legumes ）

—

[材料]

韭葱…30g
胡萝卜…70g
洋葱…50g
茴香…30g
西洋芹…60g
水…700mL
盐…适量

[制作方法]

❶ 所有的蔬菜类都切成极薄的片状，连同水一起放入锅中加热。
❷ 待①煮至沸腾后，以小火熬煮30分钟，用盐调味。过滤。

⌐ 可作为蔬菜料理或贝类料理的基底，使用范围广泛。 ⌐

高田裕介
La Cime

鸡高汤
—

[材料]

鸡骨架…3kg
老母鸡…半只
水…7L
岩盐…少量
冰块…适量
洋葱…250g
胡萝卜…100g
西洋芹…50g
韭葱(绿色部分)…适量
大蒜…50g
香草束(bouquet garni)…1束

[制作方法]

❶ 鸡骨架以水（用量外）浸泡，洗净血水。
❷ 除去鸡内脏、屁股的油脂，以流动的水充分清洗内脏。
❸ 将②放入直筒圆锅中，倒入水分，撒放岩盐，以大火加热。
❹ 在沸腾前加入冰块降低温度，边加热边仔细捞除浮渣。
❺ 在④当中，加入对半切开的洋葱、对切的胡萝卜、切成大块的西洋芹、韭葱、大蒜、香草束。保持锅中沸腾状态以小火熬煮2~3小时。
❻ 用圆锥形网筛过滤。

> 在 La Cime 店内使用最广泛的高汤，鸡骨架使用老母鸡可以更好释放出风味。也可以作为其他高汤或原汁的基底使用，并活用在搭配炖煮肉类等。

白色小牛基本高汤
(fond blanc de veau)
—

[材料]

小牛骨…6kg
小牛脚…1只
水…12L
岩盐…少量
冰块…适量
洋葱…500g
胡萝卜…200g
西洋芹…100g
大蒜…2个
香草束(bouquet garni)…1束

[制作方法]

❶ 小牛骨和小牛脚以水（用量外）浸泡，洗净血水。
❷ 在直筒圆锅放入①，加入水、撒放岩盐，以大火加热。
❸ 在沸腾前加入冰块降低温度，边加热边仔细捞除浮渣。
❹ 在③当中，加入对半切开的洋葱、对切的胡萝卜、切成大块的西洋芹、对切的大蒜、香草束。保持锅中沸腾状态熬煮7小时。
❺ 用圆锥形网筛过滤。

> 用小牛骨和脚熬煮出来富有胶质的高汤，可以用作汤品的基底，也可用水稀释运用在蔬菜料理的烹调上。

蔬菜高汤
(bouillon de legllmes)

[材料]

胡萝卜…250g
洋葱…400g
西洋芹…150g
蔬菜片…适量
香草茎…适量
月桂叶…1片
水…5L

[制作方法]

❶ 胡萝卜、洋葱、西洋芹分别切成薄片。
❷ 在锅中放入水分煮至沸腾，加入所有的材料。用小火熬煮2小时后，过滤。

> 蔬菜高汤，除了能像动物高汤般（162页）的运用之外，还可以用作蔬菜料理的煮汁等，是一款可作为基底的常备高汤。

生井祐介
Ode

猪高汤

—

[材料]

猪腱肉…5kg
岩盐、水…各适量

[制作方法]

❶ 用水洗净猪腱肉。
❷ 猪腱肉用盐沾裹，放入冷藏室盐渍一周。
❸ 用流动的水冲洗约1小时洗去盐分，烫煮1次。
❹ 在直筒圆锅中放入③和水，熬煮浓缩至味道释出，加热3~4小时。以圆锥形网筛过滤。

> 盐渍猪腱肉熬煮出的高汤，除了美味、咸度，还具有丰富胶质。味道单纯、风味强烈，多搭配于"短爪章鱼和山椒嫩芽"般重口味的料理上。

鸡基本高汤
（fond de Volaille）

—

[材料]

鸡骨架(川俣斗鸡)…5kg
水…足以浸泡鸡骨架的量
胡萝卜…2根
洋葱(带皮)…3颗
西洋芹…3根
黑胡椒粒、丁香、月桂叶、百里香…各适量

[制作方法]

❶ 在直筒圆锅中放入鸡骨架和水。煮至沸腾后捞除浮渣。浮渣都清除后，混拌并转为小火。
❷ 边注意避免①沸腾边熬煮1.5~2小时。
❸ 将切成大块的胡萝卜、对半切开的洋葱、西洋芹、黑胡椒粒、丁香加入②，熬煮30～60分钟。
❹ 在③当中放入月桂叶和百里香，立刻过滤。

> 生井先生的基本高汤为了避免释出其甜度，尽量少地使用蔬菜。

鱼高汤
（fumet de poisson）

—

[材料]

鲷鱼的鱼骨鱼杂…10kg
水…20L
日本酒…250mL
昆布…1根
洋葱…1个
西洋芹…2根
姜片、白胡椒粒…各适量

[制作方法]

❶ 鲷鱼的鱼骨鱼杂以流动的水清洗。
❷ 在直筒圆锅中放入①、水、日本酒、昆布，加热。煮至沸腾后捞除浮渣。保持微沸腾的状态约煮1小时。
❸ 放入横向对切的洋葱、切成薄片的西洋芹、姜片、白胡椒粒，煮30~40分钟。过滤。

> 只要是白肉鱼的鱼骨鱼杂，都可以广泛地被运用。现在日本筑地市场引进使用的是鲷鱼的鱼骨和鱼杂。

目黑浩太郎
Abysse

小牛基本高汤
（ fond de veau ）

—

[材料]

牛骨…10kg
牛腱…5kg
大蒜…1个
洋葱…5个
胡萝卜…3根
西洋芹…4枝
番茄糊…50g
红酒…少量
平叶巴西利茎、月桂叶、
黑胡椒粒…适量
水…20L

[制作方法]

❶ 牛骨和牛腱放烤盘上，以250℃
   烘烤至产生焦色。
❷ 在锅中加热橄榄油，拌炒压碎
   的大蒜。待散发香气后，加入
   切成小块的洋葱、胡萝卜、西
   洋芹。加入番茄糊和少量红酒，
   拌炒。
❸ 在直筒圆锅放入①和②，加入水
   加热。放入红酒、平叶巴西利茎、
   月桂叶、黑胡椒粒，保持略微沸
   腾的状态熬煮。捞除浮渣，水
   分不足时再补足水分。加热约2
   小时，至产生浓稠时，过滤。
❹ 将③移至锅中，补足水分(用量
   外)继续熬煮。待产生浓稠后过
   滤。大约重复这个操作2~3次。

可运用在想要使酱汁产生浓
稠时。熬煮操作重复进行，
可以让风味更加鲜明，成为
更美味的高汤。

鸡高汤
（ Bouillon de Poulet ）

—

[材料]

雄鸡(1只分切成8等分)…2只
水…适量

[制作方法]

❶ 在锅中放入1只鸡的用量，倒
   入足够淹盖鸡块的水分。以
   85℃加热12小时，过程中不煮
   至沸腾，当水分减少时，即补
   足水分。
❷ 在锅中放入①和另1只鸡，再
   次加入水分，继续以85℃加热
   12小时。过滤。

这是如清汤般浓郁清澄的高
汤，经常用于增强汤品的美
味或提味。

鸡原汁
（ Jus de Poulet ）

—

[材料]

雄鸡(切成3cm大小的块状)…
2kg
奶油…100g
洋葱…2个
大蒜…3片
白色鸡高汤(fond blanc)…2L
米糠油…适量

[制作方法]

❶ 在陶锅中放入米糠油加热，加
   进鸡肉炒至散发香气，呈现烤
   色。
❷ 加入奶油、洋葱、大蒜拌炒。
❸ 当②的奶油呈白色后，加入白色
   鸡高汤，熬煮30分钟。过滤。
❹ 将③移至锅中，熬煮浓缩至味
   道释出后，加盐调味。

不使用在肉类料理，目黑先
生将比原汁使用在鱼贝类套
餐料理，作为"肉类重要元
素"添加使用。